“十四五”职业教育国家规划教材

浙江省普通高校
新形态教材项目

建筑信息模型（BIM）技术应用系列新形态教材

BIM 技术应用
——Revit 建模基础

（第二版）

孙仲健　主编

U0214777

清华大学出版社
北京

内 容 简 介

本书根据 BIM 技术的发展要求，参考了最新的图集和 BIM 规范进行编写。全书共 14 章，主要内容有 Revit 基本操作；标高、轴网、柱、梁、基础、墙体、门、窗、幕墙、楼梯、栏杆扶手、楼板、屋顶、坡道、场地与建筑表现、房间、明细表、图纸的创建；模型导出以及族和概念体量的介绍；结构钢筋模型创建。本书以 Revit 2018 中文版为操作平台，以实际项目为例，全面系统地介绍了使用 Revit 进行建模设计的方法和技巧。

本书可作为高等院校、高职高专土建类相关专业 BIM 课程的教材，也可供相关建筑从业人员、BIM 爱好者作为学习及参考用书。

图书在版编目（CIP）数据

BIM技术应用.Revit建模基础 / 孙仲健主编. —2版. —北京：清华大学出版社，2022.2（2023.9重印）
建筑信息模型（BIM）技术应用系列新形态教材
ISBN 978-7-302-59979-1

Ⅰ.①B…　Ⅱ.①孙…　Ⅲ.①建筑设计—计算机辅助设计—应用软件—高等学校—教材
Ⅳ.①TU201.4

中国版本图书馆CIP数据核字（2022）第016035号

责任编辑：杜　晓
封面设计：曹　来
责任校对：赵琳爽
责任印制：宋　林

出版发行：清华大学出版社
　　　　　网　　　址：http://www.tup.com.cn，http://www.wqbook.com
　　　　　地　　　址：北京清华大学学研大厦A座　　　　　邮　　编：100084
　　　　　社　总　机：010-83470000　　　　　　　　　　邮　　购：010-62786544
　　　　　投稿与读者服务：010-62776969，c-service@tup.tsinghua.edu.cn
　　　　　质量反馈：010-62772015，zhiliang@tup.tsinghua.edu.cn
　　　　　课件下载：http://www.tup.com.cn，010-83470410
印 装 者：三河市天利华印刷装订有限公司
经　　销：全国新华书店
开　　本：185mm×260mm　　　印　张：18.25　　　字　　数：393千字
版　　次：2018年8月第1版　　2022年2月第2版　　印　　次：2023年9月第8次印刷
定　　价：59.00元

产品编号：094545-01

系列教材编写指导委员会名单

顾　问：杜国城

主　任：胡兴福

副主任：胡六星　丁　岭

委　员：（按姓氏拼音字母排列）

鲍东杰　　程　伟　　杜绍堂　　冯　钢

郭保生　　郭起剑　　侯洪涛　　胡一多

华　均　　黄春蕾　　刘孟良　　刘晓敏

刘学应　　齐景华　　时　思　　斯　庆

孙　刚　　孙曰波　　孙仲健　　王　斌

王付全　　王　群　　吴立威　　吴耀伟

夏清东　　袁建刚　　张　迪　　张学钢

郑朝灿　　郑　睿　　祝和意　　子重仁

秘　书：杜　晓

本书编写人员名单

主　编：孙仲健

副主编：肖　洋　李　林

参　编：张　晓　李睿璞　张美亚　李亚男

杨嘉琳　程　伟

序

　　建筑业作为我国国民经济的重要支柱产业，在过去几十年取得了长足的发展。随着科技的进步，目前建筑业正在进行工业化、数字化、智能化升级和加快建造方式转变。工业化、数字化、智能化、绿色化成为建筑行业发展的重要方向。例如，BIM（Building Information Modeling）技术的应用为各方建设主体提供协同工作的基础，在提高生产效率、节约成本和缩短工期方面发挥重要作用，在设计、施工、运维方面很大程度上改变了传统模式和方法；智能建筑系统的普及提升了居住和办公环境的舒适度和安全性；人工智能技术在建筑行业中的应用逐渐增多，如无人机、建筑机器人的应用，提高了工作效率、降低了劳动强度，并为建筑行业带来更多创新；装配式建筑改变了建造方式，其建造速度快、受气候条件影响小，既可节约劳动力，又可提高建筑质量，并且节能环保；绿色低碳理念推动了建筑业可持续发展。2020年7月，住房和城乡建设部等13个部门联合印发《关于推动智能建造与建筑工业化协同发展的指导意见》（建市〔2020〕60号），旨在推进建筑工业化、数字化、智能化升级，加快建造方式转变，推动建筑业高质量发展，并提出到2035年，"'中国建造'核心竞争力世界领先，建筑工业化全面实现，迈入智能建造世界强国行列"的奋斗目标。

　　然而，人才缺乏已经成为制约行业转型升级的瓶颈，培养大批掌握建筑工业化、数字化、智能化、绿色化技术的高素质技术技能人才成为土木建筑大类专业的使命和机遇，同时也对土木建筑大类专业教学改革，特别是教学内容改革提出了迫切要求。

　　教材建设是专业建设的重要内容，是职业教育类型特征的重要体现，也是教学内容和教学方法改革的重要载体，在人才培养中起着重要的基础性作用。优秀的教材更是提高教学质量、培养优秀人才的重要保证。为了满足土木建筑大类各专业教学改革和人才培养的需求，清华大学出版社借助清华大学一流的学科优势，聚集优秀师资，以及行业骨干企业的优秀工程技术和管理人员，启动BIM技术应用、装配式建筑、智能建造三个方向的土木建筑大类新形态系列教材建设工作。该系列教材由四川建筑职业技术学院胡兴福教授担任丛书主编，统筹作者团队，确定教材编写原则，并负责审稿等工作。该系列教材具有以下特点。

　　（1）思想性。该系列教材全面贯彻党的二十大精神，落实立德树人根本任务，引导学生践行社会主义核心价值观，不断强化职业理想和职业道德培养。

　　（2）规范性。该系列教材以《职业教育专业目录（2021年）》和国家专业教学标准为依据，同时吸取各相关院校的教学实践成果。

（3）科学性。教材建设遵循职业教育的教学规律，注重理实一体化，内容选取、结构安排体现职业性和实践性的特色。

（4）灵活性。鉴于我国地域辽阔，自然条件和经济发展水平差异很大，部分教材采用不同课程体系，一纲多本，以满足各院校的个性化需求。

（5）先进性。一方面，教材建设体现新规范、新技术、新方法，以及现行法律、法规和行业相关规定，不仅突出 BIM、装配式建筑、智能建造等新技术的应用，而且反映了营改增等行业管理模式变革内容。另一方面，教材采用活页式、工作手册式、融媒体等新形态，并配套开发数字资源（包括但不限于课件、视频、图片、习题库等），大部分图书配套有富媒体素材，通过二维码的形式链接到出版社平台，供学生扫码学习。

教材建设是一项浩大而复杂的千秋工程，为培养建筑行业转型升级所需的合格人才贡献力量是我们的夙愿。BIM、装配式建筑、智能建造在我国的应用尚处于起步阶段，在教材建设中有许多课题需要探索，本系列教材难免存在不足之处，恳请专家和广大读者批评、指正，希望更多的同仁与我们共同努力！

胡兴福

2023 年 7 月

前　言

近些年，BIM 技术在国内如火如荼，中华人民共和国住房和城乡建设部对 BIM 技术极为重视，基本上每年都会发布一则 BIM 相关政策，各地方政府也发布了各种 BIM 政策，通过这些政策来推广 BIM 技术的应用，引起建筑行业对 BIM 技术的重视。中华人民共和国人力资源和社会保障部在 2021 年 6 月发布了《建筑信息模型技术员国家职业技能标准（征求意见稿）》，这一标准的出台，将极大促进 BIM 人才评定的规范化，为 BIM 的发展奠定人才基础。

自 2018 年 8 月本书第一版出版以来，先后入选浙江省普通高校"十三五"新形态教材和"十三五"职业教育国家规划教材，受到了广大读者的热烈欢迎，许多读者也提出了不少合理化建议，在此表示特别感谢。第二版在保留第一版特色的基础上，作了一些优化、改进和创新，并增加了钢筋建模的内容。

Revit 是当前应用比较广泛的建筑信息模型（BIM）建模和应用软件。综合比较 Revit 的众多版本，本书仍然采用 Revit 2018 作为讲解软件，详细介绍如何使用 Revit 进行建筑和结构的设计，结构设计包含钢筋的内容。

作为基于 Revit 2018 版本软件的教材，本书具有如下特点。

1. 配套高清晰度教学视频，提高学习效率

为了便于读者更加高效地学习本书内容，作者专门录制了大量的高清教学视频。这些视频和本书涉及的项目文件、族文件等配套资源均可以扫描书中二维码下载或观看。

2. 配套全部章节的 PPT 课件、图纸和模型文件，方便教师授课

为了使教师授课更加方便，配套了全部 14 个章节的 PPT 课件、全部图纸和每一章的模型文件，读者可以到清华大学出版社官网下载需要的各种资源。

3. 涵盖建筑专业与结构专业

建好一栋房屋建筑所涉及的最关键的两个专业就是建筑专业与结构专业。本书的项目建模是从建筑、结构两个专业按常规的建模顺序进行，从而减少这两个专业的矛盾和冲突，提高设计效率。为了解决广大读者对钢筋建模的困惑，第 14 章详细讲解了钢筋建模的方法。

4. 项目案例典型，实战性强，有很高的应用价值

本书通过一个已经完工并交付使用的建筑项目案例来讲解，具有很强的实用性及很高的实际应用价值和参考性。书中项目案例用 BIM 技术实现，可以让读者融会贯通地理解书中所讲解的知识。

5. 使用快捷键，提高工作效率

本书的操作完全按照设计制图的要求，很多操作都提供了快捷键的用法。

没有 Revit 基础的读者，建议从本书第 1 章顺次学习并演练实例。有一定 Revit 基础的读者，可以根据实际情况有重点地选择学习。需要建族的读者，可以重点学习第 11、12、13 章中的内容。需要学习钢筋建模的读者，可以学习第 14 章。建议对这些内容先通读一遍，有个大概的印象，然后对照书上的步骤亲自动手操作，从而加深印象。

本书由孙仲健主编。孙仲健负责编写第 1~10 章和第 14 章，肖洋负责编写第 11 章，李林负责编写第 12 章，李亚男、杨嘉琳共同负责编写第 13 章，张晓负责全书的修订与协调。另外，程伟、李睿璞参与了本书的视频录制及内容修改等工作，张美亚参与钢筋图纸的设计工作。本书案例资料由北京谷雨时代教育科技有限公司提供。感谢参与编写的教师，在编写此书时付出的辛勤劳动。感谢清华大学出版社杜晓编辑在本书的策划、编写与统稿中所给予的帮助。

虽然我们对本书中所述内容都尽量核实，并多次进行文字校对，但由于编者水平有限，书中可能还存在疏漏和不足之处，恳请读者批评指正。

孙仲健于浙江杭州

2021 年 10 月

目　　录

第1章　Revit 概述

目前 BIM 技术已得到许多建设单位、施工单位、设计单位的青睐，国家也发布了许多关于推动 BIM 技术应用的政策。毫无疑问 BIM 技术的应用是建筑行业发展的必然趋势，而作为 BIM 技术应用的基础——三维信息模型，直接影响到 BIM 在应用过程中的价值。

Revit 是目前主要的 BIM 建模软件之一，其操作简单、功能强大，为设计提供灵活的解决方案。

1.1　Revit 基础

1.1.1　什么是 BIM

教学视频：Revit 基础

BIM 是建筑信息模型（Building Information Modeling）或者建筑信息管理（Building Information Management）的简称，是以建筑工程项目的各项相关信息数据作为基础，建立起三维的建筑模型，通过数字信息仿真模拟建筑物所具有的真实信息。建设单位、设计单位、施工单位、监理单位等项目参与方，在同一平台上，共享同一建筑信息模型，利于项目可视化、精细化建造。

BIM 有以下 8 个特点。

1. 可视化

可视化即"所见即所得"的形式。对于建筑行业来说，可视化真正运用在建筑业的作用是非常大的。例如常见的施工图纸，只是各个构件的信息在图纸上采用线条绘制表达，但是其真正的构造形式就需要建筑业参与人员根据图纸想象立体效果了。对于简单的东西来说，这种想象也未尝不可，但是近几年建筑业的建筑形式各异，复杂造型层出不穷，仅凭人脑去想象的东西未免有点不太现实。而 BIM 提供了可视化的方法，让人们将以往的线条式构件形成三维的立体实物图形展示在人们的面前；建筑业也有设计方出效果图的情况，但是这种效果图是分包给专业的效果图制作团队进行识读设计并制作出来的，并不是通过构件的信息自动生成的，缺少了同构件之间的互动性和反馈性。而 BIM 的可视化是一种能够同构件之间形成互动性和反馈性的可视。在 BIM 中，由于整个过程都是可视化的，所以可视化不仅可以用作效果图的展示及报表的生成，更重要的是，项目设计、建造、运营过程中的沟通、讨论、决策都在可视化的状态下进行。

2. 协调性

在建筑设计时，往往由于各专业设计师之间的沟通不到位，而出现各种专业之间的碰撞问题，例如暖通等专业中的管道在进行布置时，由于施工图纸是分别绘制在各自的施工图纸上的，真正施工过程中，可能在布置管线时正好在某处有结构设计的梁等构件，妨碍管线的布置，这种就是施工中常遇到的碰撞问题，BIM 的协调性服务就可以帮助处理这种问题，也就是说，BIM 可以在建筑物建造前期对各专业的碰撞问题进行协调，生成并提供协调数据。当然 BIM 的协调作用并不是只能解决各专业间的碰撞问题，还可以解决如电梯井布置与其他设计布置及净空要求的协调，防火分区与其他设计布置的协调，地下排水布置与其他设计布置的协调等问题。

3. 模拟性

模拟性并不是指 BIM 只能模拟设计出建筑物模型，还指 BIM 可以模拟不能够在真实世界中进行操作的事物。在设计阶段，BIM 可以对设计上需要进行模拟的一些内容进行模拟实验，例如，节能模拟、紧急疏散模拟、日照模拟、热能传导模拟等；在招投标和施工阶段可以进行 4D 模拟（三维模型加项目的发展时间），也就是根据施工的组织设计模拟实际施工，从而确定合理的施工方案来指导施工。同时还可以进行 5D 模拟（基于 3D 模型的造价控制），从而实现成本控制；后期运营阶段可以模拟日常紧急情况的处理方式，例如地震人员逃生模拟及消防人员疏散模拟等。

4. 优化性

整个设计、施工、运营的过程是一个不断优化的过程，在 BIM 的基础上可以做更好的优化、更好地做优化。BIM 及与其配套的各种优化工具提供了对复杂项目进行优化的可能。基于 BIM 的优化可以做以下工作。

（1）项目方案优化：把项目设计和投资回报分析结合起来，设计变化对投资回报的影响可以实时计算出来。这样业主对设计方案的选择不再停留在对形状的评价上，而是知道哪种项目设计方案更有利于自身的需求。

（2）特殊项目的设计优化：例如裙楼、幕墙、屋顶、大空间或其他异形设计，这些内容看起来占整个建筑的比例不大，但是占投资和工作量的比例很大，而且通常也是施工难度比较大和施工问题比较多的地方，对这些内容的设计施工方案进行优化，可以带来显著的工期和造价方面的改进。

5. 可出图性

BIM 通过对建筑物进行可视化展示、协调、模拟、优化以后，可以帮助业主出如下图纸。

（1）综合管线图（经过碰撞检查和设计修改，消除了相应错误以后）。

（2）综合结构留洞图（预埋套管图）。

（3）碰撞检查侦错报告和建议改进方案。

6. 一体化性

基于 BIM 技术可进行设计、施工、运营等贯穿工程项目全生命周期的一体化管理。BIM 的技术核心是一个由计算机三维模型形成的数据库，它不仅包含建筑的设计信息，而且可以容纳从设计到建成使用，甚至是使用周期终结的全过程信息。

7. 参数化性

参数化建模是指通过参数建立和模型分析，简单地改变模型中的参数值就能建立和分析新的模型；BIM 中图元以构件的形式出现，这些构件之间的不同，是通过参数的调整反映出来的，参数保存了图元作为数字化建筑构件的所有信息。

8. 信息完备性

BIM 技术可对工程对象进行 3D 几何信息和拓扑关系的描述以及完整的工程信息描述。

1.1.2　Revit 常用功能

1. 协同设计

Revit 能创建建筑、结构、机电专业的模型，软件的参数化族与概念体量为一些复杂的设计提供解决方案；同时不同专业的工程师可通过链接或工作集的方式，协同完成项目的设计工作。

2. 出图及构件提取

Revit 可基于创建的三维模型快速生成平面图、立面图、剖面图及详图，其所生成的图纸与模型是统一的整体，一处修改处处更新，减少了图纸的错漏问题；同时软件提供了明细表统计功能，快速统计构件的明细表，可以统计包括面积、体积、数量以及其他构件相关的参数。

3. 可视化展示

模型不仅能导出二维的图纸，还可以创建渲染的效果图、轴测图、分析图等，对于复杂节点还可创建三维的节点详图，并能以静态视图或动态漫游的形式准确展示设计效果。

4. 碰撞检查

Revit 可对模型中的构件进行碰撞检查，发现图纸中的碰撞问题，为深化设计提供参考依据。

1.2　Revit 常用术语

1.2.1　项目与项目样板

教学视频：Revit 常用术语

项目就是我们实际建模项目；项目需基于项目样板进行创建，格式为 .rte。

项目样板是一个模板，样板里已设置了一些参数，比如载入了一些符号线、标注符号等族；保存设置好的项目样板可应用在日后的项目上，无须重复设置参数，文件格式为 .rte。

> **小知识**
>
> 　　一栋大厦的建筑、结构、机电构件的设计与施工，需要建立不同的文件，但它们共用一套轴网，这时只需要建立一个项目样板共用一套标高轴网，不同的专业都可采用这套标高轴网系统进行建模。

1.2.2　族与族样板

　　Revit 族是一个包含通用属性（称作参数）集和相关图形表示的图元组。每个族图元能够在其内定义多种类型，每种类型可以具有不同的尺寸、形状、材质设置或其他参数变量。属于一个族的不同图元的部分或全部参数可能有不同的值，但是参数（其名称与含义）的集合是相同的。族文件格式为 .rft。

　　族样板是创建族的初始文件，当需要族时可找到对应的族样板，里面已设置好对应的参数；族样板一般在安装软件时自动下载到安装目录下，其格式为 .rft。

1.2.3　类型参数与实例参数

　　实例参数是每个放置在项目中实际图元的参数。以柱子为例，选中一个图元，其"属性"栏见图 1-1。"属性"栏都是这个柱子的实例属性，如果更改其中的参数，只是这个柱子变化，其他的柱子不会变化。比如把顶部偏移改为 1200，如图 1-2 所示，另一个柱子不会跟着改变。实例参数只会改变当前图元。

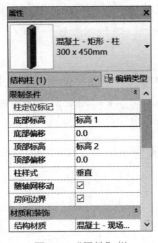

图 1-1　"属性"栏

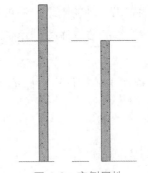

图 1-2　实例属性

　　类型参数是调整这一类构件的参数。例如，单击"编辑类型"可修改类型参数（图 1-3）。更改截面参数 b、h 为 600×600（图 1-4），两个柱子都跟着调整。

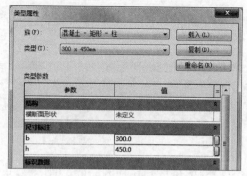

图 1-3　类型参数

图 1-4　更改参数

1.3　软件界面介绍

1.3.1　应用程序菜单

Revit 2018 的应用程序菜单其实就是 Revit 文件菜单，如图 1-5 所示。

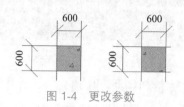

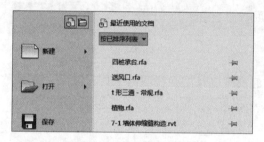

图 1-5　应用程序菜单

教学视频：软件界面介绍

1.3.2　选项栏和功能区

选项栏和功能区是建模的基本工具，包含建模的全部功能命令，包括"建筑""结构""系统""插入""注释""分析""体量和场地""协作""视图""管理""修改"等选项。

"建筑"选项——包含创建建筑模型所需的大部分工具，如构建墙、门、窗、楼板等，如图 1-6 所示。

"插入"选项——用于添加和管理次级项目的工具，可将外部数据载入项目，如"链接 Revit""链接 CAD""载入族"等，如图 1-7 所示。

图 1-6　"建筑"选项

图 1-7　"插入"选项

"注释"选项——用于将二维信息添加到设计中的工具，如"尺寸标注""文字""详图"等，如图 1-8 所示。

"修改"选项——用于编辑现有图元、数据和系统的工具，如构件的复制、粘贴、阵列、移动等工具，如图 1-9 所示。

图 1-8 "注释"选项

图 1-9 "修改"选项

"体量和场地"选项——用于建模和修改概念体量族和场地图元的工具，包括"概念体量""面模型""场地建模"等，如图 1-10 所示。

"协作"选项——用于与内部和外部项目团队成员协作的工具，包括"管理协作""同步""管理模型"等，如图 1-11 所示。

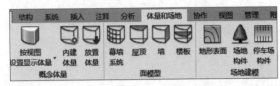

图 1-10 "体量和场地"选项

图 1-11 "协作"选项

"视图"选项——用于管理和修改当前视图以及切换视图的工具，包括"图形""演示视图""创建""图纸组合"等，如图 1-12 所示。

"管理"选项——包括"项目位置""设计选项""管理项目"等，2019 版本之后，Dynamo 可视化编程也放置到管理选项卡中，提供更强大的参数化设计功能，如图 1-13 所示。

图 1-12 "视图"选项

图 1-13 "管理"选项

1.3.3 快速访问工具栏

快速访问工具栏显示用于对文件保存、撤销、粗细线切换等的选项。快速访问工具栏可以自行设置，只要在需要的功能按钮上右击，选择添加到快速访问工具栏即可，如图 1-14 所示。

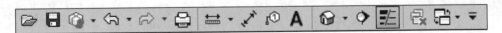

图 1-14 快速访问工具栏

1.3.4 项目浏览器

项目浏览器用于组织和管理当前项目中包含的所有信息，包括项目中所有"视图"

"明细表 / 数量""图纸""族""组""Revit 链接"等项目资源。Revit 按逻辑层次关系组织这些项目资源，方便用户管理。

选择"视图"选项卡，单击工具面板上的"用户界面"按钮，在弹出的用户界面下拉菜单中勾选"项目浏览器"复选框，即可重新显示"项目浏览器"。在"项目浏览器"面板的标题栏上按住鼠标左键不放，移动鼠标指针至屏幕适当位置并松开鼠标，可拖动该面板至新位置。当"项目浏览器"面板靠近屏幕边界时，会自动吸附于边界位置。用户可以根据自己的操作习惯定义适合自己的项目浏览器位置，如图 1-15 所示。

单击"项目浏览器"右上角的 ✖ 按钮，可以关闭项目浏览器面板，以获得更多的屏幕操作空间。

图 1-15　项目浏览器

1.3.5　"属性"栏

"属性"栏位于 Revit 的工具栏"视图"→"用户界面"→"属性"。可从"属性"栏对选择对象的各种信息进行查看和修改，功能十分强大，可通过快捷键【Ctrl+1】快速打开和关闭"属性"栏，如图 1-16 所示。

1.3.6　视图控制栏

视图控制栏用于调整视图的属性，包含以下工具：比例、详细程度、视觉样式、打开 / 关闭日光路径、打开 / 关闭阴影、显示 / 隐藏渲染对话框（仅当绘图区域显示三维视图时才可用）等，如图 1-17 所示。

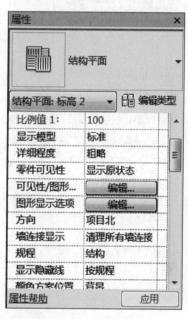

图 1-16　"属性"栏

图 1-17　视图控制栏

1.4　软件基本操作

1.4.1　视图操作

"视图"可通过"项目浏览器"进行快速切换；同一个界面可用快捷键【WT】同时打开多个视图；在平面中查看三维视图，在快速访问栏中选择"三维视图"的 🏠 按钮即可。若想查看局部三维，需打开三维，然后通过"属性"中勾选"剖面框"，当三维界面中出现线框时，拖曳控制点调整剖

教学视频：软件基本操作

切范围。

　　除了用键盘鼠标控制视图，软件还提供了如图 1-18 所示的
工具，用于动态观察。

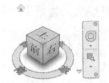

图 1-18　导航栏与导航盘

1.4.2　常用修改工具

　　"修改"选项卡中常用的工具如图 1-19 所示。当选择某一构件时会弹出相关的修改命令，用于对特定图元进行修改，如选择墙体会自动弹出"修改 | 放置　墙"选项，如图 1-20 所示。

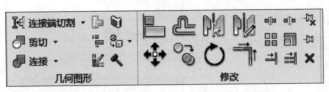

图 1-19　修改工具

图 1-20　修改 | 放置　墙

—— 习题 ——

1. BIM 是什么？有什么特点？

2. Revit 中同一个界面同时打开多个视图的快捷键是（　　　）。

　　A. WT　　　　　　B. WA　　　　　　C. WC　　　　　　D. WD

第2章　项目创建准备

第 1 章讲解了 Revit 的基础知识、常用术语、软件界面介绍及基本的操作等内容。从本章开始，将以图 2-1 所示的四层实训楼项目为例，按照建筑师常用的设计流程，从绘制标高和轴网开始，到模型导出和打印出图结束，详细讲解项目设计的全过程，以便让初学者用最短的时间全面掌握用 Revit Architecture 和 Structure 2018 完成项目土建建模的方法。本章主要讲解项目创建的准备工作，包括熟悉项目任务、建模依据、创建项目等内容。

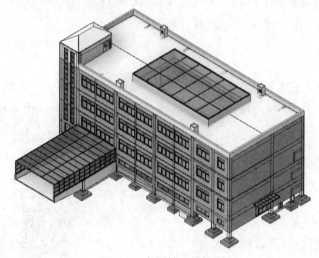

第 2 章配套模型下载

扫码下载工程案例图纸资料

图 2-1　实训楼三维模型

2.1　熟悉项目任务

在利用 Revit 进行设计时，流程和设计阶段的时间在分配上会与二维 CAD 绘图方式有较大区别。Revit 以三维建模为基础，设计过程就是一个虚拟建造的过程，图纸不再是整个过程的核心，而只是设计模型的衍生品；可以在 Revit 软件平台下，完成从方案设计、施工图设计、效果图渲染、漫游动画，甚至生态环境分析模拟等几乎所有的设计工作，整个过程一气呵成；虽然在前期模型建立所花费的工作时间占整个设计周期的比例较大，但是在后期成图、变更、错误排

教学视频：熟悉项目任务

查等方面具有很大优势。

在用 Revit 进行建模之前，应先熟悉项目任务，判断该项目是直接用 Revit 进行建筑和结构设计，还是根据现有的图纸进行三维建模。直接进行设计对建筑师要求较高，要从以前的二维设计模式转变成三维直接设计出图，但对设计师来说直接三维设计的方法比二维的设计图更加直观和便利。以前设计师是把想象的三维建筑物变成二维图纸展示出来，使用人员根据图纸再想象三维建筑物。根据现有的二维图纸进行三维建模，比直接三维建模多了两个步骤：从三维到二维再到三维。目前对大多数建模师来说，主要任务是把二维的图纸建成三维的模型。下面主要讲解把二维图纸建成三维模型的方法。

2.1.1　工程概况

了解和掌握建模建筑物的工程概况非常重要，可以从整体上对项目有所了解。有些材质和施工做法都会在工程概况里说明，而不在图纸里详细说明。

本工程位于 ×× 市 ×× 学校，为新建实训大楼改扩建工程。建筑工程等级为二级，耐久年限为二级、50 年，建筑高度 17.638m，工程设计耐火等级为二级，每层为一个防火分区。屋面防水等级为二级。本工程项目为地上四层，建筑高度 17.638m，占地面积 607.5m^2，建筑面积 2537m^2。其他详细说明参见《建筑设计总说明》图纸。

2.1.2　建模说明

本工程建模内容为建筑和结构的三维模型，包括梁、柱、基础、墙体、门窗、幕墙、楼梯、栏杆扶手、楼板、坡道、屋顶、场地与建筑表现、创建房间、明细表、图纸以及模型导出。本书不涉及 MEP。

2.2　建模依据

三维建模主要有以下几个依据。

（1）建设单位或设计单位提供的通过审查的有效图纸等数据。

（2）有关建模专业和建模精度的要求。

教学视频：建模依据

（3）国家规范和标准图集。

（4）现场实际材料、设备采购情况。

（5）设计变更的数据。

（6）其他特定要求。

《建筑工程设计信息模型交付标准》（GB/T 51301—2018）将建筑工程信息模型精细度分为五个等级（LOD100、LOD200、LOD300、LOD400、LOD500），并对每一个等级的精细度做了具体的规定，如 LOD300 模型精细度的建模精度宜按下列规定，并应符合表 2-1 的规定。

表 2-1 LOD300 模型精细度的建模精度（摘自《建筑工程设计信息模型交付标准》）

需要录入的对象信息	精细度要求
现状场地	等高距应为 1m。 若项目周边现状场地中有铁路、地铁、变电站、水处理厂等基础设施，宜采用简单几何形体表达，但应输入设施使用性质、性能、污染等级、噪声等级等对项目设计产生影响的非几何信息。 除非可视化需要，场地及其周边的水体、绿地等景观可以二维区域表达。
设计场地	等高距应为 1m。 应在剖切视图中观察到与现状场地的填挖关系。 项目设计的水体、绿化等景观设施应建模，建模几何精度应为 300mm。
道路及市政	建模道路及路缘石。 建模现状必要的市政工程管线，建模几何精度应为 100mm。
墙体	在"类型"属性中区分外墙和内墙。 墙体核心层和其他构造层可按独立墙体类型分别建模。 外墙定位基线应与墙体核心层外表面重合，无核心层的外墙体，定位基线应与墙体内表面重合，有保温层的外墙体定位基线应与保温层外表面重合。 内墙定位基线应与墙体核心层中心线重合，无核心层的外墙体，定位基线应与墙体内表面重合。 在属性中区分"承重墙""非承重墙""剪力墙"等功能，承重墙和剪力墙应归类于结构构件。 属性信息应区分剪力墙、框架填充墙、管道井壁等。 如外墙跨越多个自然层，墙体核心层应分层建模，饰面层可跨层建模。 除剪力墙外，内墙不应穿越楼板建模，核心层应与接触的楼板、柱等构件的核心层相衔接，饰面层应与接触的楼板、柱等构件的饰面层对应衔接。 应输入墙体各构造层的信息，构造层厚度不小于 3mm 时，应按照实际厚度建模。 应输入必要的非几何信息，如防火、隔声性能、面层材质做法等。
幕墙系统	幕墙系统应按照最大轮廓建模为单一幕墙，不应在标高、房间分隔等处断开。 幕墙系统嵌板分隔应符合设计意图。 内嵌的门窗应明确表示，并输入相应的非几何信息。 幕墙竖梃和横撑断面建模几何精度应为 5mm。 应输入必要的非几何属性信息，如各构造层、规格、材质、物理性能参数等。
楼板	应输入楼板各构造层的信息，构造层厚度不小于 5mm 时，应按照实际厚度建模。 楼板的核心层和其他构造层可按独立楼板类型分别建模。 主要的无坡度楼板建筑完成面应与标高线重合。 应输入必要的非几何属性信息，如特定区域的防水、防火等性能。
屋面	应输入屋面各构造层的信息，构造层厚度不小于 3mm 时，应按照实际厚度建模。 楼板的核心层和其他构造层可按独立楼板类型分别建模。 平屋面建模应考虑屋面坡度。 坡屋面与异形屋面应按设计形状和坡度建模，主要结构支座顶标高与屋面标高线宜重合。 应输入必要的非几何属性信息，如防水、保温性能等。
地面	地面可用楼板或通用形体建模代替，但应在"类型"属性中注明"地面"。 地面完成面与地面标高线宜重合。 应输入必要的非几何属性信息，如特定区域的防水、防火性能等。

需要录入的对象信息	精细度要求
门窗	门窗建模几何精度应为 5mm。 门窗可使用精细度较高的模型。 应输入外门、外窗、内门、内窗、天窗、各级防火门、各级防火窗、百叶门窗等非几何信息。
柱子	非承重柱应归类于"建筑柱"，承重柱子应归类于"结构柱"，应在"类型"属性中注明。 柱子宜按照施工工法分层建模。 柱子截面应为柱子外廓尺寸，建模几何精度宜为 10mm。 应输入外露钢结构柱的防火、防腐性能等。
楼梯或坡道	楼梯或坡道应建模，并应输入构造层次信息。 平台板可用楼板代替，但应在"类型"属性中注明"楼梯平台板"。
垂直交通设备	建模几何精度为 50mm。 可采用生产商提供的成品信息模型，但不应指定生产商。 应输入必要的非几何属性信息，包括梯速、扶梯角度、电梯轿厢规格、特定使用功能（消防、无障碍、客货用等）、联控方式、面板安装、设备安装方式等。
栏杆或栏板	应建模并输入几何信息和非几何信息，建模几何精度宜为 20mm。
空间或房间	空间或房间高度的设定应遵守现行法规和规范。 空间或房间应标注为建筑面积，当确有需要标注使用面积时，应在"类型"属性中注明"使用面积"。 空间或房间的面积，应为模型信息提取值，不得人工更改。
梁	应按照需求输入梁系统的几何信息和非几何信息，建模几何精度宜为 50mm。 应输入外露钢结构梁的防火、防腐性能等。
结构钢筋	应按照专业需求输入全部设备（如水泵、水箱等）的外形控制尺寸和安装控制间距等几何信息及非几何信息，输入给排水管道的空间占位控制尺寸和主要空间分布。 应输入影响结构的各种竖向管井的占位尺寸。 应输入影响结构的各种孔洞、集水坑位置和尺寸。
家具	设备、金属槽盒等应具有空间占位尺寸、定位等几何信息。设计阶段可采用生产商提供的成品信息模型（应为通用型产品尺寸）。 应输入影响结构构件承载力或钢筋配置的管线、孔洞等应具有位置、尺寸等几何信息。 设备、金属槽盒等还应具有规格、型号、材质、安装或敷设方式等非几何信息；大型设备还应具有相应的荷载信息。
其他	其他建筑构配件可按照需求建模，建模几何精度可为 100mm。 建筑设备可以简单几何形体代替，但应表示出最大占位尺寸。

（1）各构造层次均应附材质信息。

（2）信息应按照《建筑工程设计信息模型分类和编码标准》进行分类和编码。

本工程项目按 LOD300 模型精细度的建模精度进行建模。

2.2.1 命名规范

建筑工程设计信息模型中信息量巨大，若缺乏科学的分类以及一致的编码要求，将会极大地降低信息交换的准确性和效率。因此建筑工程设计信息模型应根据使用需求，提供足够的分类和编码信息，以保障信息沟通的有效性和流畅性。信息的分类和编码在国外建筑工程行业使用广泛，例如美国采用 OmniClass、Masterformat，英国采用 UniClass 等。

《建筑工程设计信息模型交付标准》对建筑工程设计信息模型及其交付文件的命名做如下规定。

（1）文件的命名应包含项目、分区或系统、专业、类型、标高和补充的描述信息，由连字符"-"隔开，如图 2-2 所示。

项目代码 - 分区/系统 - 专业代码 - 类型 - 标高 - 描述

图 2-2　文件的命名规则

（2）文件的命名宜使用汉字、拼音或英文字符、数字和连字符"-"的组合。

（3）在同一项目中，应使用统一的文件命名格式，且始终保持不变。

建筑工程对象和各类参数的命名应符合《建筑工程设计信息模型分类和编码标准》的规定。在建筑工程设计信息模型全生命周期内，同一对象和参数的命名应保持前后一致。定制多个关键字段，以便后续的查询和统计。例如，墙的命名规则中可包括类型名称、类型、材质、总厚度等字段，还可以包括内外层面厚度、结构层厚度、描述等字段（图 2-2）。

如位于 2 层标高和 3 层标高之间，内墙在图纸中的编号为 NQ1，厚度为 200mm 的填充墙内墙可以命名为 2F-NQ-NQ1-200-M15。其中 2F 为所在区域，NQ 为族编码，NQ1 为图纸中的编号，200 为墙的厚度，M15 为材料强度的描述。

其他各个构件均可以采用这种模式命名。例如：

（1）剪力墙 2F-Q-Q1-200-C40。

（2）柱子 2F-Z-KZ1-300*500-C40。

（3）梁 2F-L-KL1（2）-400*500-C35。

（4）板 2F-B-B1-250-C30。

（5）基础底板 DB-600-C40。

（6）外墙 \ 内墙 2F-WQ1\NQ1-300-M20。

（7）构造柱 2F-Z-GZ1-300*300-C25。

以上列出的均为建议命名规则，可根据具体图纸构件表命名，不过要建筑结构专业间统一、清晰，也为后期算量造价等分析做准备，便于观察构件类别名称、楼层、标高、标准尺寸、材质等属性。

本项目可以按照图纸上的标注进行命名，这样可以让二维图纸和三维模型一一对应，在施工过程中图纸不仅方便修改，还能方便材料统计，利用 Revit 导出的材料清单能和现场实际的清单对应，从而对实际施工起到真正的指导作用。

> **说明**
>
> 　　建立各种建筑、结构、机电构件模型的命名规范，虽然会增加设计师的工作量，但将为 BIM 模型从设计、施工到运维全过程的数据检索与传递带来极大的便利，是 BIM 模型信息能够得到全过程高度重用的必要条件。

2.2.2　模型拆分原则

　　由于在实际大型项目中 BIM 模型很大，不可能一个模型完成所有专业的建模，所以就必须依靠协同，而实现协同就需要将模型按一定的规则进行拆分，再分别进行模型的建立。

　　协同设计通常有两种工作模式："工作集"和"模型链接"，或者两种方式混合。这两种方式各有优缺点，但最根本的区别是："工作集"可以多人在同一个中心文件平台上工作，都可以看到对方的设计模型；而"模型链接"是独享模型，在设计的过程中不能在同一个平台上进行项目的交流。

　　"工作集"和"模型链接"两种协同工作模式的比较见表 2-2。

表 2-2　"工作集"和"模型链接"两种协同工作模式的比较

内　容	工　作　集	模　型　链　接
项目文件	一个中心文件，多个本地文件	主文件与一个或多个文件链接
同步	双向、同步更新	单向同步
项目其他成员构件	通过借用后编辑	不可以
工作模板文件	同一模板	可采用不同模板
性能	大模型时速度慢，对硬件要求高	大模型时速度相对较快
稳定性	目前版本在跨专业协同时不稳定	稳定
权限管理	需要完善的工作机制	简单
适用于	专业内部协同，单体内部协同	专业之间协同，各单体之间协同

　　虽然"工作集"是理想的设计方式，但由于"工作集"在软件实现上比较复杂，而"模型链接"相对成熟、性能稳定，尤其是对于大型模型在协同工作时，性能表现优异，特别是在软件的操作响应上。

　　实际项目中究竟选择"工作集"模式进行协同，还是选择"模型链接"的方式进行协同呢？作者根据实际项目经验，总结如下几条基本原则。

　　（1）单个模型文件建议不要太大。

　　（2）项目专业之间采用链接模型的方式进行协同设计。

　　（3）项目同专业采用工作集的方式进行协同设计。

　　（4）项目模型的工作分配最好由一个人整体规划并进行拆分，同时拆分模型最好是在夜晚或者周末进行，以免耽误工作。

建筑和结构专业可依据实际情况按建筑分区、按子项、按施工缝、按楼层拆分。

结构专业部分主要为结构柱、各种类型梁（过梁、连梁、圈梁等）、结构楼板、筏板基础、剪力墙、集水坑、桩、承台、地梁、条形基础、挑檐、台阶、墙饰条（踢脚、墙裙等替代性构件）、柱帽、基脚、桩帽以及其他承载力的混凝土构件。

建筑专业部分主要为建筑柱、构造柱、建筑内隔墙、幕墙、各种楼梯栏杆、坡道、门、窗、楼板建筑面层（天棚、楼地面等内装饰面层部分）、吊顶、专业人防设备以及其他装饰性构件和场地构件等。

由于本实训楼较简单，只建模建筑和结构部分，建模过程中暂不拆分。

2.2.3 图纸

施工图纸基础版本需要统一，即在整个建模过程中不同专业要协调统一，同时使用同一版本图纸，可以是纸质图纸，也可以是 .dwg、.t3 等格式的电子版图纸。建模时，位置、尺寸、材料等都可由纸质图纸进行查询。如果是电子版图纸，可以通过导入 CAD 文件的方式，直接在导入图纸的基础上进行快速建模。CAD 文件导入 Revit 时，使用"插入"选项下的"链接 CAD"或"导入 CAD"两个指令都可以，如图 2-3 所示。

图 2-3 导入 CAD 和链接 CAD

> **说明**
>
> 这两个命令是有区别的，"链接 CAD"还保持着关联（被链接文件做了修改，能同时反映在 Revit 文件里）；"导入 CAD"就成了 Revit 里的一个图元，没上述的关联存在。

通常一个项目文件中包含多张图纸，如"首层平面图""二层平面图"，等等，这时候就需要将它们一一提取出来并依次导入 Revit 不同的视图中。可以使用 CAD 的外部块工具（快捷键【W】）进行一一提取。也可按图 2-4 所示的方式创建块，单击"绘图"选项卡中的"块"创建，然后进行块定义（图 2-5）。选择要创建的块的范围（图 2-6），最后保存。所有的图纸分割完毕后，就可准备项目的建模。

> **注意**
>
> 开始建模前需要对图纸进行详细研读，再根据导入的图纸建模。

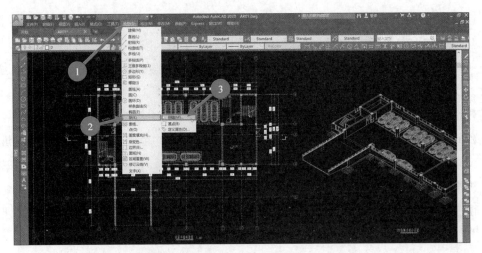

图 2-4　CAD 写块

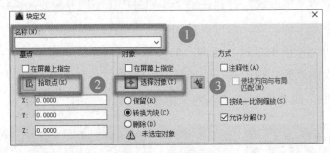

图 2-5　块定义

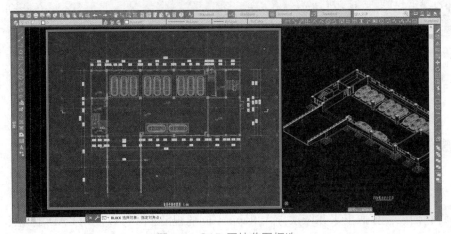

图 2-6　CAD 写块范围框选

2.3　创建项目

　　本节以某学校的四层钢筋混凝土结构实训楼项目为例（图 2-7），简要介绍建模的流程及如何利用 Revit 实现 BIM 模型。

　　在 Revit 中，基本设计流程是选择项目样板，创建空白项目，确定项目标高、轴网，创建柱、梁、基础，创建墙体、门窗、幕墙、楼板、坡道、楼梯、

教学视频：
创建项目

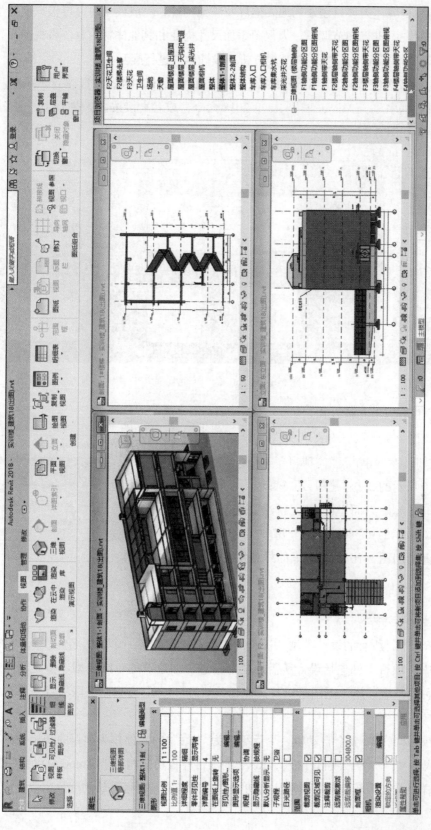

图 2-7　实训楼平立剖面图

栏杆扶手、屋顶等，为项目创建场地、地坪及其他构件，完成模型后，再根据模型生成指定视图，并对视图进行细节调整，为视图添加尺寸标注和其他注释信息，将视图布置于图纸中并打印，对模型进行渲染，与其他分析、设计软件进行交互。

Revit 软件安装完成以后，双击桌面图标 **R**，打开 Revit 2018，或选择 Windows "开始"菜单→"所有程序"→ Autodesk → Revit 2018 命令，或者直接按快捷键【Ctrl +N】。启动后的起始界面如图 2-8 所示。

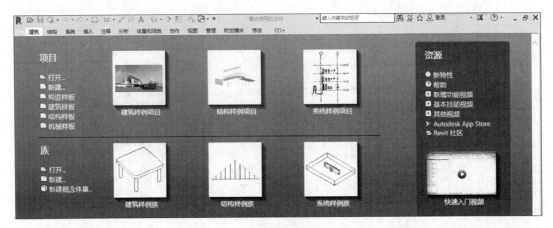

图 2-8　Revit 2018 起始界面

创建项目有以下几种方式。

（1）如图 2-9 所示，选择"文件"菜单→ □ "新建"按钮，然后单击 □ "项目"按钮，就会弹出如图 2-10 所示的 2 "新建项目"窗口。

（2）单击起始界面里的 □ "新建"按钮，弹出如图 2-10 所示的 2 "新建项目"窗口。

（3）直接用图 2-10 中椭圆里的样板文件创建项目。

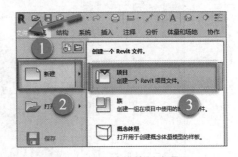

图 2-9　通过菜单创建项目

2.3.1　选择项目样板

在 Revit 中，所有的设计模型、视图及信息都被存储在一个后缀名为".rvt"的 Revit 项目文件中。项目文件包括设计所需的全部信息，如建筑的三维模型、平立剖面及节点视图、各种明细表、施工图图纸以及其他相关信息。Revit 会自动关联项目中所有的设计信息。

新建项目时，Revit 会自动以一个后缀名为".rte"的文件作为项目的初始条件，这个".rte"格式的文件称为"项目样板"，Revit 的项目样板功能相当于 AutoCAD 的".dwt"文件。项目样板定义了新建项目中默认的初始参数，例如，项目默认的度量单位、楼层数量的设置、层高信息、线型设置、显示设置等。Revit 允许用户自定义自己的样板文件，并保存为新的 ".rte" 文件。在 Revit 中，一个合适的项目样板是基础，可以减少后期在项目中的设置和调整，提高项目设计的效率。

Revit 默认设置构造样板、建筑样板、结构样板以及机械样板（图 2-10）。它们分别对应了不同专业建模所需要的预定义设置。项目样板的存储位置可以在 "文件" → "选项" → "文件位置" 中找到，如图 2-11 所示，通过椭圆内的 ⬆ 和 ⬇ 按钮可以调整各个样板的先后顺序，通过 ➕ 按钮添加其他样板文件，也可以将自己制作的项目样板放到这里供以后使用。通过 ➖ 按钮可以删除不需要的样板文件。

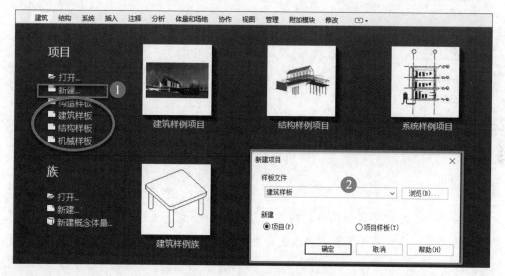

图 2-10　创建项目方式

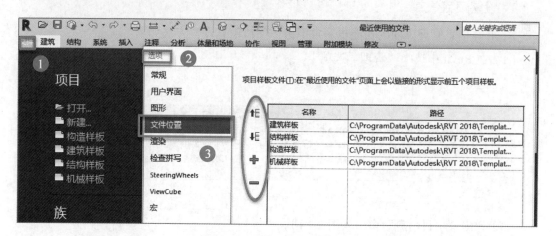

图 2-11　项目样板的存储位置

本次实训楼项目建模为建筑和结构专业，所以可以选择建筑样板或结构样板进行建模。新建项目如图 2-12 所示，该新建项目基于建筑样板文件。

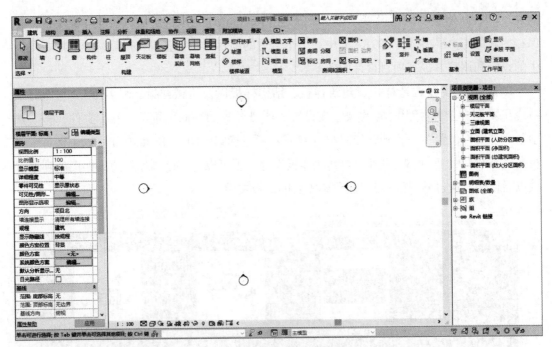

图 2-12　新建项目初始界面

┃说明

　　项目浏览器的位置已经从最开始的左边移动到右边。项目浏览器和属性窗口的位置可以根据个人习惯进行调整，按住鼠标左键将最上边的边框拖动到自己需要的位置。

2.3.2　设置项目信息

　　Revit 在信息管理方面的功能也非常不错。项目信息设置方法如下。

　　（1）在 Revit 中选中"管理"选项卡。

　　（2）选择"项目 信息"命令（图 2-13）。

图 2-13　"项目 信息"命令

　　（3）弹出"项目信息"窗口（图 2-14）。

　　（4）在参数后边的"值"这列输入信息，单击"确定"按钮。输入后的结果如图 2-15 所示。

　　（5）单击图 2-15 中的"能量设置"按钮，可以进行项目的能量设置，见图 2-16。单击"高级"→"其他选项"，进入高级能量设置。

图 2-14 项目信息设置

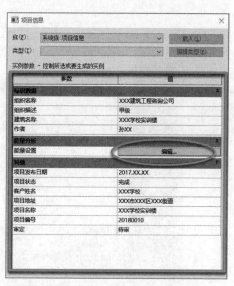

图 2-15 项目信息设置完成

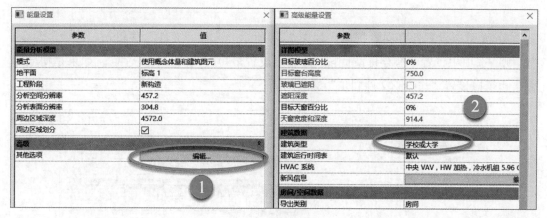

图 2-16 项目能量设置

2.3.3 保存项目

在模型创建的过程中要注意文件的保存，减少意外停电、死机等带来的项目建模的损失。

单击快速访问工具栏中的 按钮，或选择"文件"菜单，再单击 按钮，或者直接用快捷键【Ctrl + S】，出现保存的窗口后，输入文件名，单击"保存"按钮即可。

> ▌说明
>
> 在保存文件时，除了主文件会保存外，还会出现如 实训楼.0004 这种与项目文件同名的"文件＋编号"样式的备份文件，如果按项目默认设置，备份数量会保持在 20 个左右。备份数量太多，会占用空间，也会在选择项目文件时干扰视线，可以在图 2-17所示对话框中单击"选项"按钮，减少备份数量，一般建议最大备份数为 3~5 个。

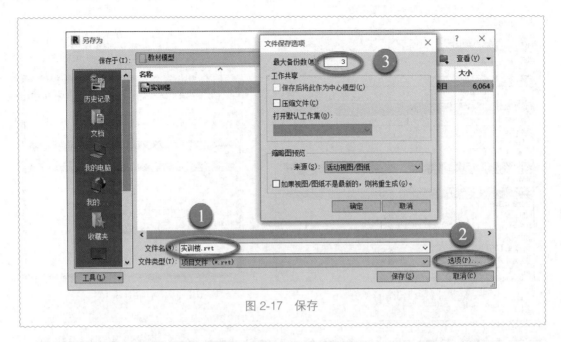

图 2-17 保存

Revit 可以设置保存间隔提醒，如图 2-18 所示。选择"文件"菜单→"选项"命令，"常规"选项中设置"保存提醒间隔"，建议设置最短时间为"15 分钟"。如果是协同建模，也可以设置"与中心文件同步"提醒间隔。

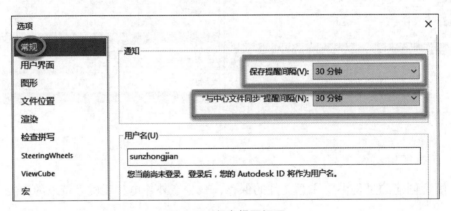

图 2-18 保存提醒间隔

—— 习题 ——

1. LOD300 对柱模型精细度要求是什么？

2. "工作集"和"模型链接"两种协同工作模式如何选择？

3. Revit 样板文件的后缀是（　　　）。

    A. .rvt   B. .rte   C. .rfa   D. .ifc

第3章　创建标高与轴网

本章将讲解项目的定位设置方式，主要包括项目位置的确定、项目基准点、各楼层的高度、轴网位置确定等内容。

3.1　项目基点与测量点

在 Revit 项目中，每个项目都有项目基点 ⊗ 和测量点 △，但是在软件默认的楼层平面中，测量点和项目基点一般都不可见，只有在场地平面中才可见，可以通过调整图形可见性，让项目基点与测量点在楼层平面中显示出来。

（1）首先新建一个项目，项目切换至楼层平面，使用快捷键【VV】，或在"视图"选项卡"图形"面板中选择"可见性/图形"，弹出"可见性/图形替换"对话框，如图 3-1 所示。

图 3-1　图形可见性

（2）在弹出的对话框"模型类别"栏找到"场地"选项，单击 ⊞ 按钮展开下拉列表，勾选"测量点""项目基点"前的方框，单击"确定"按钮，即可将测量点和项目基点显示在楼层平面视图中（图 3-2）。

默认情况下，测量点和项目基点重合，并位于视图的中心（图 3-3）。

3.1.1　项目基点

在 Revit 中，项目基点定义了项目坐标系的原点（0，0，0），还可用于在场地中确定建筑的位置，并在构造期间定位建筑的设计图元。当基点显示为 ⬚（裁剪）时创建的所有图元都会随着基点的移动而移动。

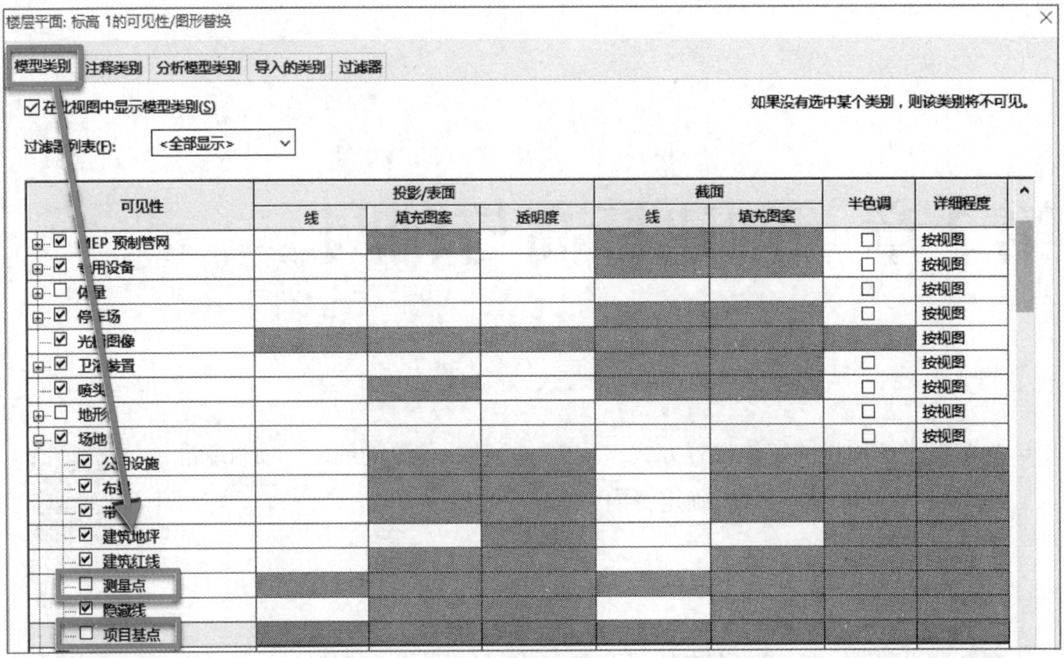

图 3-2　设置测量点与基点的可见性

图 3-3　测量点与项目基点

将鼠标放置在两点的中心位置，使用【Tab】键选中测量点，在视图控制栏单击 按钮，选择隐藏图元（图 3-4），视图中将只剩下项目基点。

技巧

在 Revit 中，同一位置有多个图元时，在被激活的当前视图下，将鼠标光标移动到图元位置，重复按【Tab】键，直至所需图元高亮为蓝色，此时单击，可准确快速选中目标图元。

选择项目基点，单击图中的任意数值，可修改相应的坐标，在项目基点中，主要包括北 / 南、东 / 西、高程以及到正北的角度设置。除了单击相应数值修改以外，还可在属性栏进行修改，如图 3-5 所示。

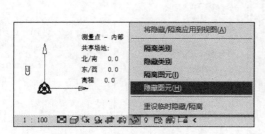

图 3-4　隐藏测量点

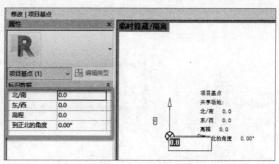

图 3-5　设置基点位置

3.1.2　测量点

测量点代表现实世界中的已知点，例如大地测量标记。测量点用于在其他坐标系（如在土木工程应用程序中使用的坐标系）中正确确定建筑几何图形的方向。

当测量点显示为裁剪状态 ⊘ 时，测量点的数值将不能修改，属性栏为灰色，如图 3-6 所示；移动测量点，测量点坐标保持不变，项目基点坐标会发生相应变化。

当测量点为非裁剪状态 ⊘ 时，测量点的坐标值变为可编辑状态，移动测量点，项目基点的坐标不发生变化，而测量点坐标发生变化，如图 3-7 所示。

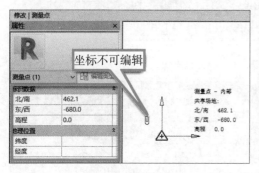

图 3-6　裁剪状态

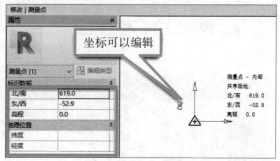

图 3-7　非裁剪状态

3.2　创建和编辑标高

标高是建筑物立面高度的定位参照，在 Revit 中，楼层平面均基于标高生成，换句话说，如果没有标高，就没有楼层平面，删除标高后与之对应的楼层平面也将会删除。

教学视频：创建和编辑标高

3.2.1　创建标高

标高创建命令只有在立面和剖面视图中才能使用，因此在正式开始项目设计前，必须事先打开一个立面视图。首先，打开第 2 章创建的建筑项目，切换至任意立面视图，可以看到视图中已经创建了"标高 1""标高 2"两个默认标高，在楼层平面中也默认创建了相应的视图，如图 3-8 所示，接下来可创建项目标高。

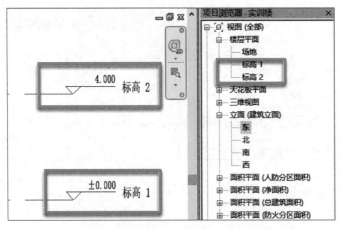

图 3-8 默认标高

标高创建命令在"建筑"选项卡"基准"面板中，如图 3-9 所示，单击"标高"将弹出标高创建的工具条，并在属性栏显示标高的属性；Revit 提供两种创建标高的工具：绘制标高 ╱ 和拾取线创建标高 ╳，如图 3-10 所示的椭圆标记处。

图 3-9 标高创建命令

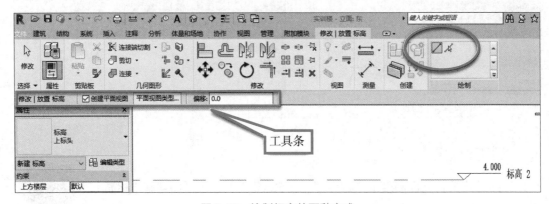

图 3-10 绘制标高的两种方式

1. 绘制标高

首先通过╱工具来创建标高，在"修改 | 放置 标高"选项卡"绘制"面板中单击╱按钮，确定属性栏显示的标高类型为"上标头"，将光标捕捉到标高 1 另一端正上方，输入"2200"，按【Enter】键，即可确定标高的第一点，如图 3-11 所示。

将鼠标指针移动至另一侧，单击与标高 1 另一个端点对齐的位置，可确定标高的另一个端点，标高 3 创建完成，如图 3-12 所示。

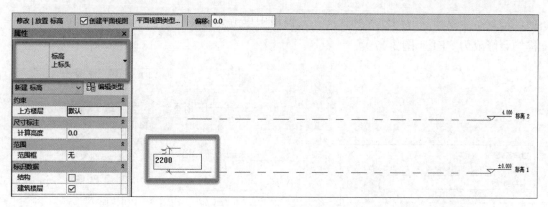

图 3-11　确定标高起点

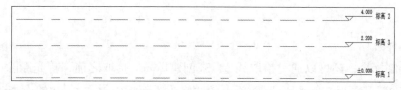

图 3-12　标高 3 创建完成

选择"标高 3",单击标高端点处的"标高 3",可对标高的名称进行修改,在这里修改名称为"F2",单击空白位置,弹出"是否希望重命名相应视图?"窗口,如图 3-13 所示。单击"是"按钮,可以看到,标高的名称已修改为"F2",同时视图名称也发生了相应的更改,如图 3-14 所示。

Revit 在设计时具有联动性,也可以通过修改视图名称来修改标高名称。方法是在楼层平面中,将光标移动至"标高 1",右击,弹出对话框,选择"重命名",对视图名称进行修改(图 3-15)。在弹出的视图命名窗口修改名称为"F1",单击"确定"按钮(图 3-16)。

图 3-13　重命名视图

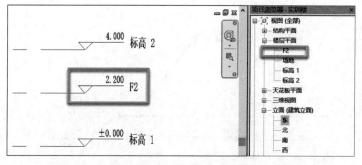

图 3-14　标高与视图命名完成

图 3-15　重命名视图 F1

在"是否希望重命名应用标题和视图？"窗口中单击"是"按钮，标高的名称和视图的名称均会修改为"F1"（图 3-17）。

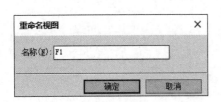

图 3-16 视图重命名

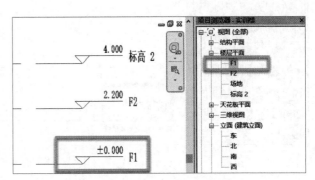

图 3-17 标高 F1 视图重命名完成

2. 拾取标高

除了绘制标高，还可以通过拾取线 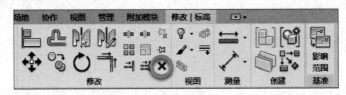 来创建标高。拾取之前，首先删除"标高2"。选择"标高2"，在"修改 | 标高"选项卡的"修改"面板中单击 ✖ 按钮，"标高2"和相应的视图均会被删除（图 3-18）。

图 3-18 删除标高

接下来在"建筑"选项卡→"基准"面板中单击"标高"，选择 创建标高，在工具条中勾选"创建平面视图"，同时输入偏移量"3800"（图 3-19）；拾取到"F2"标高位置，鼠标指针放在离"F2"上部偏离 3800 的位置，将弹出新建标高位置的虚线（图 3-20）。

图 3-19 修改偏移量

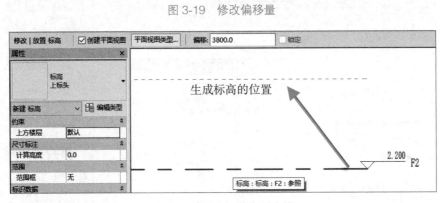

图 3-20 新建标高位置虚线

单击即可创建距离"F2"3800mm 的"F3"，同时生成"F3"相应的楼层平面视图（图 3-21）。

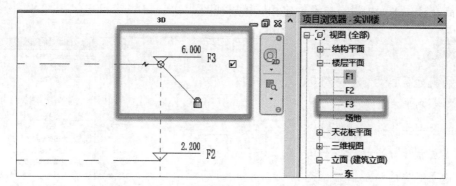

图 3-21　拾取线生成标高"F3"

3. 通过修改工具创建标高

在"修改"选项卡中，可以通过复制 和阵列 工具来创建标高。对于非标准层，楼层高度不全相同，可以选择 创建标高；而对于标准层，楼层高度完全相同，可以通过 来创建标高。

首先选中标高，在"修改 | 标高"选项卡→"修改"面板中单击 按钮，在工具条中勾选"多个"，拾取到"F3"位置，单击指定复制的起点，上下移动鼠标指针，可显示复制的距离和角度（图 3-22）。

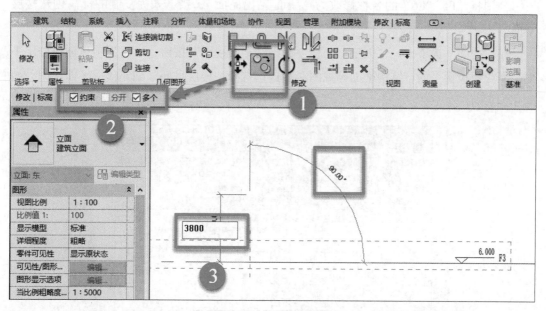

图 3-22　复制创建标高

勾选"约束"后，复制标高的角度将会锁定为 90°，输入标高的间距（层高）并按【Enter】键就可以创建新的标高，通过这种方法依次创建层高为 3800、3750、2750 的标

高 "F4""F5""F6"，如图 3-23 所示。在计算机立面视图中可以看到绘制和拾取创建标高 "F2""F3" 标头为浅蓝色，复制创建的标高 "F4""F5""F6" 标头为黑色，同时，复制创建的标高在楼层平面中没有自动创建相应楼层视图。

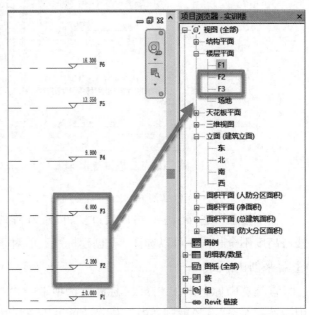

提示

绘制标高和复制标高都是建立新标高的有效方法。两者之间的区别在于：通过绘制标高的方法新建标高时，会默认同时建立对应的楼层平面和天花板平面，并且在视图中，标高标头的颜色为浅蓝色；通过复制标高的方法新建标高时，不会建立对应的平面视图，并且在视图中，标高标头的颜色为黑色。

图 3-23　复制创建标高完成

分别将 "F5""F6" 的名称修改为 "屋面""出屋面"，接下来为复制的标高创建楼层平面。

在 "视图" 选项卡→"创建" 面板中单击 "平面视图" 按钮，可以为项目创建楼层平面、天花板投影平面、结构平面等视图，在这里选择 "楼层平面" 创建楼层平面视图，如图 3-24 所示。

图 3-24　创建楼层平面

在弹出的 "新建楼层平面" 对话框中选择所有未创建楼层平面的标高，单击 "确定" 按钮，即可创建相应的楼层平面视图，如图 3-25 所示。

创建完成后，"项目浏览器"中将出现新创建的视图列表，并自动切换至最后一个楼层平面视图，如图 3-26 所示。

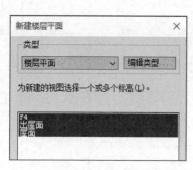

图 3-25 新建楼层平面

图 3-26 切换至屋面

阵列创建标高与复制创建标高的方法相似，在创建时需要注意阵列的方式："第二个""最后一个"以及是否"成组并关联"，如图 3-27 所示。

图 3-27 阵列工具条

选择"第二个"，输入项目数为"5"，指定起点和终点，则会以起点和终点的间距为阵列间距新建 4 个标高。

选择"最后一个"，输入项目数为"5"，指定起点和终点，则会在起点和终点之间均布 4 个新的标高。

如果勾选"成组并关联"，阵列的标高会自动创建成为一个模型组。一个标高修改，其余标高发生联动修改，一般在创建标高时不勾选"成组并关联"。

按照前面讲解的方法创建高程为 −1.000 的基顶标高，保存项目，完成标高的创建。

3.2.2 编辑标高

前面完成了标高创建，接下来讲解对标高的编辑。标高编辑主要包括标头、线样式、标高 2D/3D 的修改等内容。

1. 标头的修改

前面创建的标高只有一端有标高，如图 3-28 所示。选中任意"上标头"标高，在"属性"栏中单击"编辑类型"，在弹出的"类型属性"对话框中勾选"端点 1 处的默认符号"，如图 3-29 所示。

单击"确定"按钮，所有的"上标头"都变为两端显示标头，而标高 F1（±0.000）仍为一端标头，如图 3-30 所示。

选中"F1"，可以通过上述"编辑类型"的方法修改，也可以通过勾选"显示编号""隐藏编号"控制标头的可见性，如图 3-31 所示。

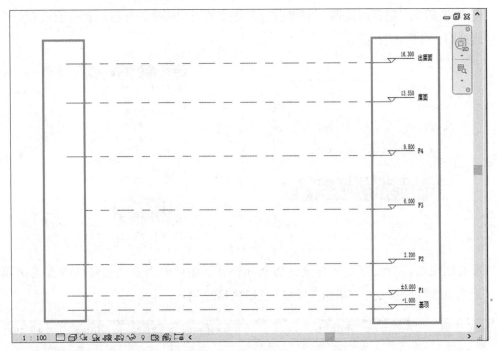

图 3-28　一端显示标头

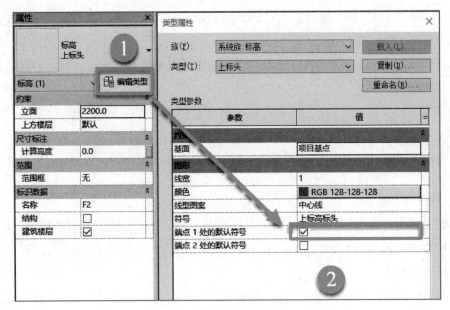

图 3-29　标头类型编辑

提示

　　勾选"类型属性"对话框中的"端点 2 处的默认符号"选项，所有该类型标高的实例都将显示端点 2 处的标头符号。选择标高后，清除或勾选"隐藏符号"仅影响当前所选择标高标头符号的隐藏或显示。

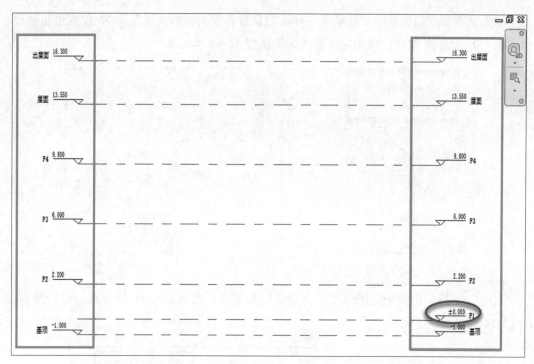

图 3-30 两端显示标头

图 3-31 标头的隐藏与显示

选中"F2",拖曳标头端点的圆圈,可移动与之对齐的所有标高,同时当前显示为 **3D** 模式,在所有的立面图中,标头位置都会发生改变(图 3-32)。

如果只移动其中一个标头的位置,需要选中标高,单击标头上方的 🔒 按钮将标头与其他标头解锁,然后进行拖动。在所有视图中,只有当前标高的标头位置发生移动(图 3-33)。

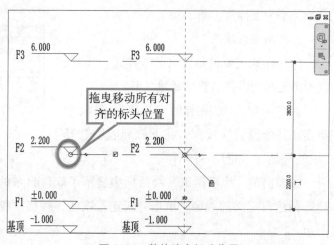

图 3-32 整体改变标头位置

如果只需要在当前视图中移动某一标头的位置，需要将标头设置为 **2D** 模式进行修改，单击标头上方的 **3D** 按钮，精细拖曳修改标头位置（图 3-34）。

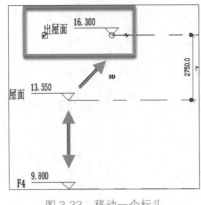
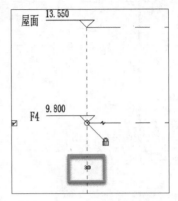

图 3-33 移动一个标头 　　　　　图 3-34 切换标头模式

另外，在标头比较密集的位置，为避免标头重合，可以采用 ✛ 将标点进行折断移动（图 3-35）。

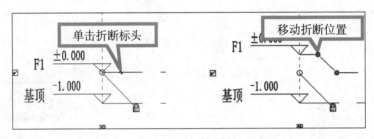

图 3-35 标头折断

软件中默认提供了"上标头""正负零标高""下标头"三种类型的标头。选中"标高"，通过"属性"栏下拉列表，可以修改标高的类型为下标头（图 3-36）。

2. 标高样式修改

标高样式主要包括标高的线样式、线宽、线型图案和线颜色。首先新建线型。

在"管理"选项卡的"设置"面板中单击"其他设置"按钮，在下拉列表中选择"线型图案"，如图 3-37 所示。

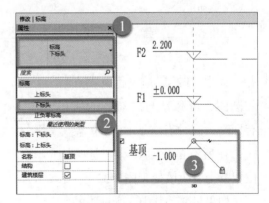

图 3-36 设置下标头

在弹出的"线型图案"对话框中显示了软件自带的所有线型，同样也可以通过"新建"创建自定义的线型。单击"新建"按钮，弹出"线型图案属性"对话框，如图 3-38 所示。

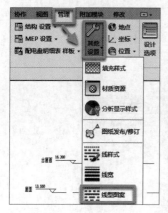

图 3-37　线型图案

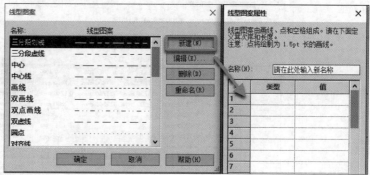

图 3-38　新建线型图案

修改名称为"标高线",线型图案由画线、点、空格组成,点和画线的尺寸均可在表格中的"值"中进行设置,设置结果如图 3-39 所示。

单击"确定"按钮完成线型的新建,新建的线型将出现在线型图案列表中,接下来对线框进行设置;在"管理"选项卡的"设置"面板中单击"其他设置"按钮,在下拉列表中选择"线宽"(图 3-40)。

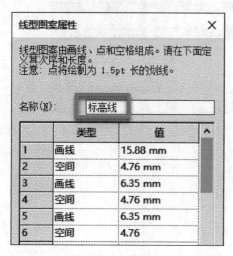

图 3-39　标高线型

图 3-40　设置线宽

在弹出的"线宽"窗口中,可对模型线、透视视图线、注释线进行线宽的修改。在模型线宽中可新增比例(图 3-41),在不同比例视图中,线宽将显示图示对应的尺寸。

接下来可以对标高的线样式进行修改,选择任意上标头标高,单击"编辑类型"按钮,在弹出的"类型属性"窗口中,修改线宽为"1",颜色为"红色",线型图案选择刚刚设置的"标高线",如图 3-42 所示。

单击"确定"按钮,所有的"上标头"标高均修改为类型属性中设置的样式,同样的方法可对"下标头""正负零标高"的样式进行修改,修改完成后的样式见图 3-43。

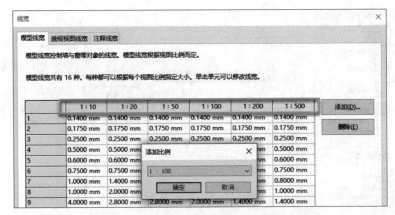

图 3-41　线宽尺寸

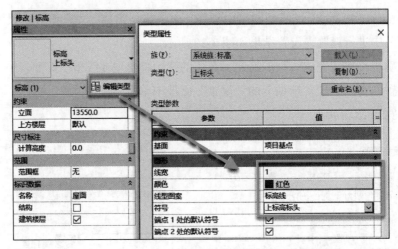

图 3-42　标高线样式修改

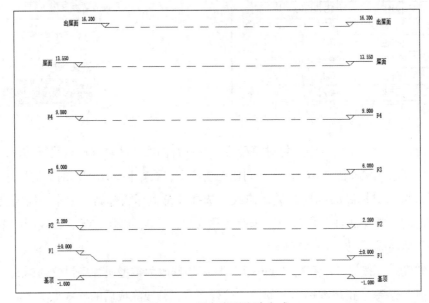

图 3-43　标高类型修改完成

　　此外，还可以对标头的样式进行修改，选择基顶标高，在标高"类型属性"中将标高符号设置为"标高标头 - 圆：标头可见性"，单击"应用"按钮，标高标头则修改为图 3-44所示的符号。学习了以上标高调整的内容之后，我们把出屋面的标高调整到和其他标高对齐，基顶标高改回"下标头"中"标高标头 - 下"。

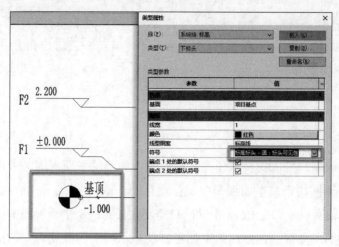

图 3-44　圆形标头

　　标高创建完成后，通过"修改"选项卡中的 ⊡ 按钮将标高锁定，避免操作失误将标高的位置移动，固定后的样式见图 3-45。

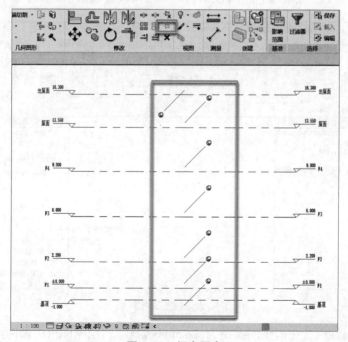

图 3-45　标高固定

> **提示**
>
> 　　刚刚创建完成的是建筑标高。建筑标高是指包括装饰层厚度的标高，而在结构构件创建时一般参照结构标高，结构标高是指不包括装饰层厚度的标高。在分专业建模时，可以单独为每个专业创建标高，也可以参照建筑标高后偏移。本项目在创建结构构件时，参照建筑标高。根据"建筑设计总说明"可知，各层标注标高为建筑完成面标高，屋面标高为结构面标高，故屋面和出屋面建筑标高及结构标高一致，其余各层结构标高均下降 0.05m。

3.3　创建和编辑轴网

　　标高创建完成后，可以切换至任意平面视图（如楼层平面视图）来创建和编辑轴网。轴网用于在平面视图中定位项目图，Revit 提供了"轴网"工具，用于创建轴网对象。在 Revit 中轴网只需要在任意一个平面视图中绘制一次，其他平面、立面、剖面视图中都将自动显示。下面继续为实训楼项目创建轴网。

教学视频：创建和编辑轴网

3.3.1　创建轴网

　　（1）进入"F1"楼层平面，选择"建筑"或"结构"选项卡，基准面板的 轴网工具自动切换至"修改 | 放置 轴网"选项卡，进入轴网放置状态，如图 3-46 所示 符号。

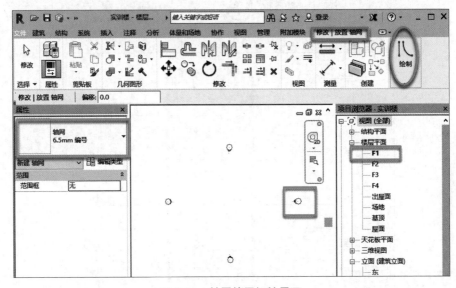

图 3-46　轴网放置初始界面

　　（2）选择属性面板中的轴网类型为"6.5mm 编号"，绘制面板中轴网绘制方式为"直线"，确认选项栏中的偏移量为 0.0。单击空白视图左下角空白处，作为轴线起点，向上移动鼠标指针，Revit 将在指针位置与起点之间显示轴线预览，并显示出当前轴线方向与水平方向的临时尺寸角度标注，如图 3-47 所示。在垂直方向向上移动鼠标指针至左上角位置时，单击完成第 1 条轴线的绘制，并自动将该轴线编号为"1"。

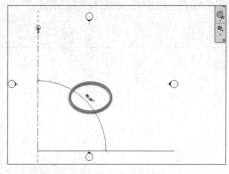

图 3-47 轴网放置的临时标注

（3）移动鼠标指针至 1 号轴线起点右侧任意位置，Revit 将自动捕捉该轴线的起点，给出端点对齐捕捉参考线，并在指针与 1 号轴线间显示临时尺寸标注，即指示指针与 1 号轴线的间距。输入"3800"并按【Enter】键确认，将距 1 号轴线右侧 3800mm 处定为第 2 条轴线起点，如图 3-48 所示。在垂直方向向上移动鼠标指针至与 1 号轴线对齐的位置，单击鼠标左键完成第 2 条轴线的绘制，并自动为该轴线编号为"2"。按【Esc】键两次退出放置轴网模式。

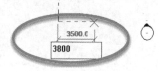

图 3-48 第 2 条轴线起点

说明

临时尺寸标注是指在 Revit 中选择图元时，Revit 会自动捕捉该图元周围的参照图元，如轴线、墙体等，以指示所选图元与参照图元间的距离或角度。可以修改临时尺寸标注的默认捕捉位置，以更好地对图元进行定位。在修改临时尺寸标注时，除直接输入距离值之外，还可以输入"="后再输入公式，由 Revit 自动计算结果。

提示

在 Revit 中以绘制、复制、阵列等方式添加新轴网时，系统会按照数值或字母的排序规则，自动从上一次新建轴线的编号之后开始编号。

（4）选择 2 号轴线，自动切换至"修改 | 轴网"选项卡，单击"修改"面板中的 ⊞ 工具，进入阵列修改状态。如图 3-49 所示，设置选项栏中的阵列方式为"线性"，取消勾选"成组并关联"选项，设置项目数为"4"，移动到"第二个"，勾选"约束"选项。

单击 2 号轴线上的任意一点，作为阵列基点，向右移动鼠标指针直至与基点间出现临时尺寸标注。输入"8400"作为阵列间距并按【Enter】键确认，将向右阵列轴网，并按数值累加的方式为轴网编号，如图 3-50 所示。

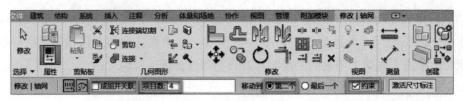

图 3-49　轴网阵列设置

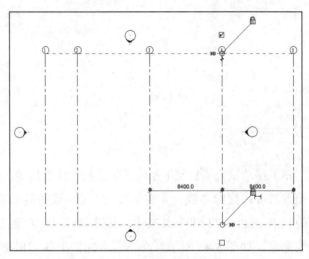

说明

　　"约束"选项将约束在水平或垂直方向上阵列生成图元。

图 3-50　轴网阵列

（5）单击 5 号轴线，选择工具栏"复制"命令，选项栏勾选正交约束选项"约束"和"多个"。移动光标在 5 号轴线上单击捕捉一点作为复制参考点，然后水平向右移动光标，输入间距值"4400"，按【Enter】键确认，复制 6 号轴线。保持光标位于新复制的轴线右侧，再输入"3600"后按【Enter】键确认，复制 7 号轴线。至此，该项目垂直轴线绘制完成，如图 3-51 所示。

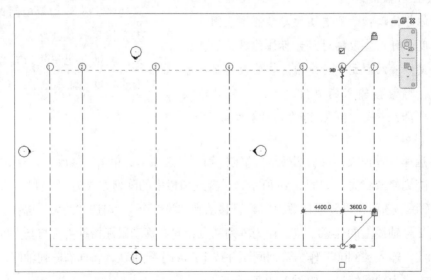

图 3-51　垂直轴线绘制完成

（6）绘制第一条水平轴线（图 3-52）。在"建筑"选项卡的"基准"面板中单击"轴网"工具，继续使用"绘制"面板中的"直线" 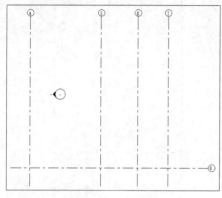 方式，沿水平方向绘制第一条水平轴网，Revit 自动按轴线编号累计加 1 的方式命名该轴线编号为 8。选择刚刚绘制的轴线 8，单击轴线标头中的轴线编号，进入编号文本编辑状态，删除原有编号值，输入"A"，按【Enter】键确认，该轴线编号将修改为 A，如图 3-53 所示。

图 3-52　第一条水平轴线　　　　　　　　图 3-53　第一条水平轴线修改编号

（7）用"拾取线"的方法绘制其他水平轴网。在"建筑"选项卡的"基准"面板中单击"轴网"工具，单击"绘制"面板中的"拾取线"按钮 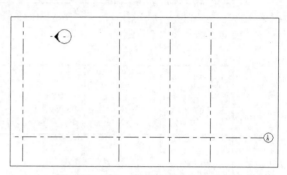，偏移输入"7400"，移动光标在 A 轴线上部，此时出现了一条浅蓝色虚线，单击"确定"按钮后完成 B 轴线的绘制，如图 3-54 所示。

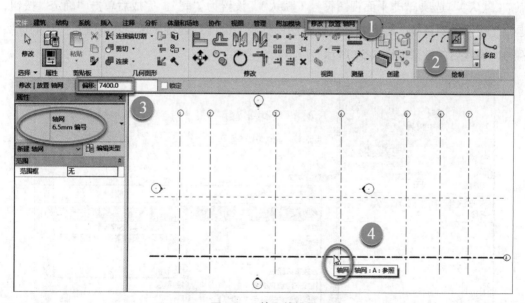

图 3-54　拾取线设置

（8）使用同样的方式再偏移：输入"6700"，在 B 轴线上方单击绘制轴线 C；输入"2400"，在 C 轴线上方单击绘制轴线 D；输入"6700"，在 D 轴线上方单击绘制轴线 E。

绘制完成后，按【Esc】键两次或单击"修改"按钮退出轴网绘制模式。结果如图 3-55 所示。

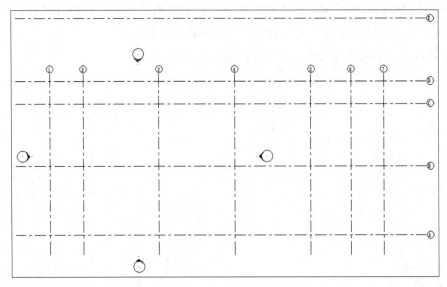

图 3-55　轴网完成

3.3.2　编辑轴网

（1）修改轴网颜色和标号形式。选择任意轴线，打开轴线"属性"→"编辑类型"对话框。如图 3-56 所示，"轴线末段颜色"改为红色，勾选类型参数中的"平面视图轴号端点 1（默认）"选项，"非平面视图符号（默认）"设置为"底"。完成后单击"确定"按钮，退出"属性"对话框。注意在南立面视图中标高左侧端点处将显示与右侧端点一样的标头符号。设置后的结果如图 3-57 所示。

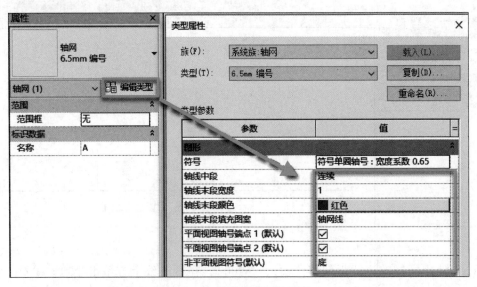

图 3-56　轴线类型属性设置

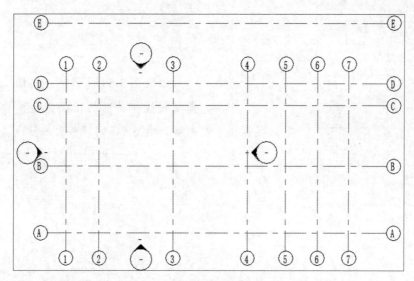

图 3-57　轴网类型属性设置完成

（2）调整立面视图图标。绘图区域符号 ⊙ 表示项目中的东、西、南、北各立面视图的位置。分别框选这四个立面视图符号，将其移动到轴线外面，如图 3-58 所示。

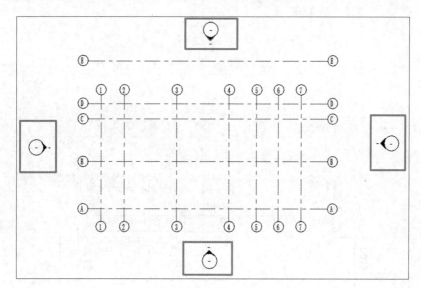

图 3-58　调整立面视图图标

（3）调整轴网位置。单击需要移动的轴线，拖动图 3-59 中轴线的端点，移动到需要的位置。利用此方法调整其他轴线的端点位置。结果如图 3-60 所示。

（4）轴网标注。对垂直轴线进行尺寸标注。在"注释"选项卡的"尺寸标注"面板中单击"对齐"工具 ✐，依次单击 1~6 号轴线，随鼠标指针移动出现临时尺寸标注，单击空白位置，生成线性尺寸标注，以此来检查刚才绘制的轴网的正确性。对水平轴线进行尺寸标注方法与垂直方向一致，依次单击 A~E 轴线，单击空白位置，生成尺寸标注，如图 3-61所示。

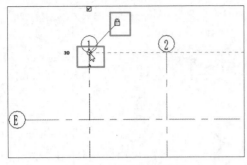

图 3-59　调整轴网范围

> **注意**
>
> 　　如果图 **3-59** 是锁定按钮，则和所拖动轴线相关联的轴线都会移动，如果为解锁状态，则只移动该轴线。

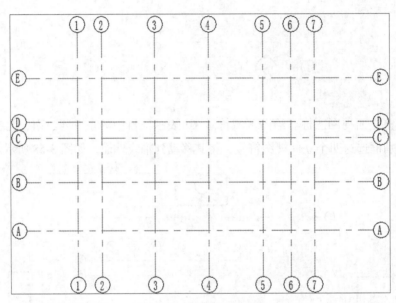

图 3-60　轴网拖动完成

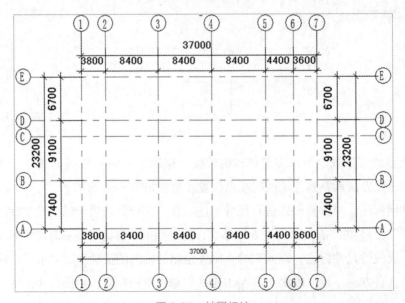

图 3-61　轴网标注

（5）修改标注样式。单击任一个标注，右击→"选择全部实例"→"在整个项目中"，可以选择所有的同类标注，如图 3-62 所示。单击"编辑类型"→"复制"→名称改为"标注 5mm"→"确定"按钮。由于文字太小，颜色也是黑色，可以对文字和颜色进行修改。颜色改为"绿色"，文字大小改为"5mm"，按【Enter】键确认，如图 3-63 所示。

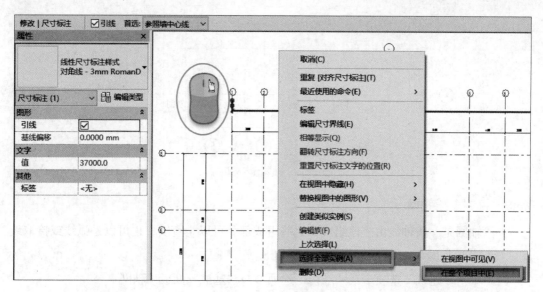

图 3-62　标注选择

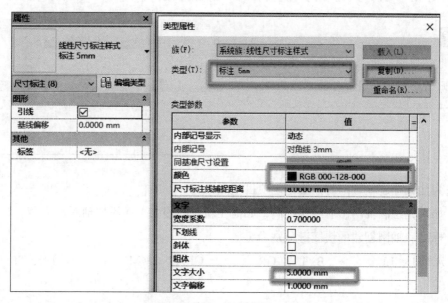

图 3-63　轴网设置

（6）当轴网创建完成后，通过"修改"选项卡中的 按钮将轴网锁定，避免操作失误将标高的位置移动。至此完成创建轴网的操作，结果如图 3-64 所示。

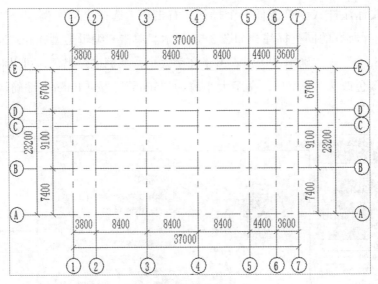

图 3-64　轴网全部完成

3.3.3　绘制多段轴网

多段轴网是一条轴线由多段组成，这些组成部分可以是直线，也可以是弧线或拾取线 ✗。绘制菜单如图 3-65 所示。绘制的步骤如下。

（1）单击"建筑"选项卡或"结构"选项卡→"基准"面板（轴网）。

（2）单击"修改|放置 轴网"选项卡→"绘制"面板 ∟（多段）绘制需要多段的轴网。

> **注意**
>
> 无法使用"复制／监视"工具监视和协调对多段轴网进行的更改。

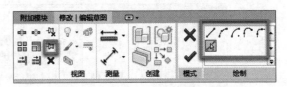

图 3-65　多段轴网菜单

──── 习题 ────

1. 为什么在建立轴网时需要指定项目基点？

2. 如果先绘制轴网、后绘制标高，如何在新建的楼层平面添加轴网？

3. 标高、轴网创建的快捷键分别为（　　　）。

    A. AL、LL　　　　　B. LL、GR　　　　　C. AR、MM　　　　　D. LL、TR

第4章 创建柱、梁、基础

一般情况下，把参与承重的构件，如结构柱、结构梁、结构楼板、基础、结构墙（剪力墙）、桁架等视为结构构件。Revit中提供了一系列结构工具，用于完成结构模型。我们可以在创建轴网后布置结构柱，也可以在绘制墙体后添加结构柱等结构构件。本书按照建筑构件和结构构件交叉进行建模。

第4章配套
模型下载

4.1 创建结构柱

Revit中提供了两种不同功能和作用的柱：建筑柱和结构柱。建筑柱主要起装饰和围护作用，而结构柱则主要用于支撑和承载荷载。当把结构柱传递给Revit结构后，结构工程师可以继续为结构柱进行受力分析和配置钢筋。

建立结构柱模型前，先根据实训楼的结构施工图查阅结构柱构件的尺寸、定位、属性等信息，保证结构柱模型布置的正确性。

教学视频：
创建结构柱

4.1.1 载入结构柱族

要创建结构柱，首先必须载入"结构柱"族文件。如图4-1所示，在"项目浏览器"中展开"楼层平面"视图类别，双击"F1"切换至F1楼层平面视图，在"建筑"或"结

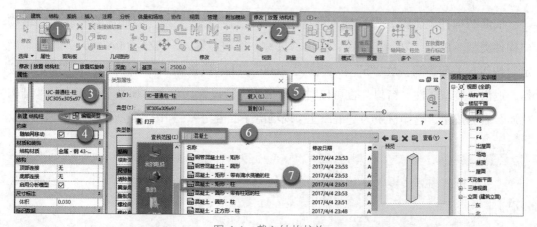

图 4-1 载入结构柱族

构"选项卡的"结构"面板中单击"柱"工具 ⬚，单击"属性"面板中的"编辑类型"按钮，打开"类型属性"窗口，单击"载入"按钮，弹出"打开"窗口，默认进入 Revit 族库文件夹，单击"结构"文件夹、"柱"文件夹、"混凝土"文件夹，单击"混凝土 - 矩形 - 柱 .rfa"，选择"打开"命令，载入实训楼项目中。载入路径如图 4-2 所示。"类型属性"窗口中"族（F）"和"类型（T）"以及尺寸标注"b"和"h"变化如图 4-3 所示。

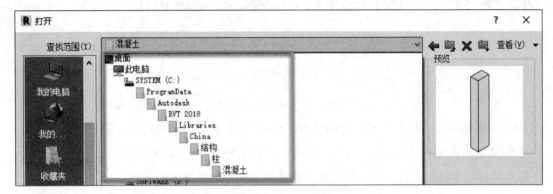

图 4-2　载入结构柱族路径

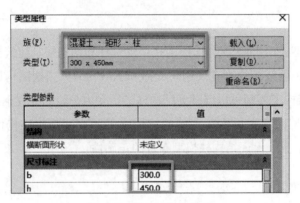

图 4-3　载入结构柱类型

4.1.2　新建柱类型

根据结构柱施工图，发现导入的柱子不是我们需要的类型，因此需要建立新的结构柱构件类型。单击"复制"按钮，弹出"名称"窗口，输入"KZ1-600×600"，单击"确定"按钮，关闭窗口。在"b"位置输入"600"，"h"位置输入"600"。单击"确定"按钮，退出"类型属性"窗口。也可以对结构材质进行设置，单击"属性"面板中的"结构材质"右侧按钮，选择材质为"混凝土 - 现场浇注混凝土"，如图 4-4 所示。

> **提示**
>
> 本书中结构柱的命名采用了"名称 + 尺寸"的方法，也可以再加上材质、强度等信息。

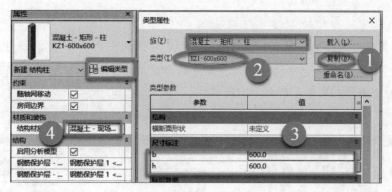

图 4-4　新建柱类型的设置

采用同样的方法，根据结构施工图里的构件，建立其他结构柱构件类型并进行相应尺寸及结构材质设置。全部输入完成后，在"类型属性"窗口中可以看到已经设置好的构件类型，如图 4-5 所示。

构件定义完成后，开始布置构件。

图 4-5　柱类型的设置完成

4.1.3　创建垂直结构柱

垂直结构柱是指垂直于标高的结构柱，本实训楼的结构柱均为垂直结构柱。结构柱的布置方法如下。

（1）先进行"F1"楼层平面视图的结构柱布置。根据《结施 -02》中"−0.050 至 9.750 柱平面布置图"布置结构柱。在"属性"面板中找到 KZ1-600×600，Revit 自动切换至"修改 | 放置 结构柱"选项卡，单击"放置"面板中的"垂直柱" ⬚ ，选项栏选择"高度"，到达标高后选择"F2"。勾选"房间边界"，不勾选"启用分析模型"。鼠标指针移动到 3 号轴线与 D 轴线交点位置处，单击，布置 KZ1-600×600，如图 4-6 所示。

> **┃小技巧**
>
> 绘制柱子时，若勾选"房间边界"，则柱子的边界与房间边界一致；若不勾选"房间边界"，则柱子的边界不是房间边界，房间边界按照墙体边界计算。

提示

Revit 提供了两种确定结构柱高度的方式：高度和深度。高度方式是指以从当前标高到达的标高的方式确定结构柱高度，深度是指以从设置的标高到达当前标高的方式确定结构柱高度。

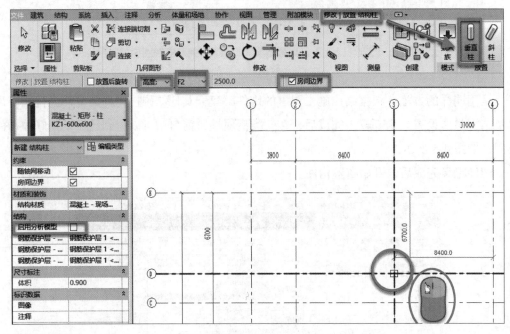

图 4-6　布置柱 KZ1-600×600

（2）KZ1-600×600、KZ2-550×550 等结构柱的中心与轴网交点重合，容易对齐。但其他中心与轴网交点不重合的柱，布置起来就比较难精确定位。为了精确定位，可以进行捕捉设置。Revit 可以设置端点、中点、交点、垂直等图元的捕捉位置，可设置捕捉快捷键。

在功能区"管理"选项卡的"设置"面板中单击"捕捉"工具 ⋒，打开"捕捉"对话框。捕捉设置如图 4-7 所示。① "尺寸标注捕捉"：勾选"长度标注捕捉增量"和"角度尺寸标注捕捉增量"，并在下面栏中设置尺寸自动变化时的增量值。② "对象捕捉"：勾选"端点""中点""交点""垂直"等捕捉选项即可。③ "临时替换"：括号中的字母"SE"等为捕捉的快捷键，当有多个捕捉选择时可以用快捷键指定单个捕捉类型；按【Tab】键可以循环捕捉类型，按【Shift】键可以强制水平或垂直捕捉。单击"确定"按钮完成设置。

说明

增量值含义：在视图缩放比例不同的情况下，长度临时尺寸值默认按 5mm、20mm、100mm、1000mm 变化。当视图缩放很大时，移动光标临时尺寸按 5mm 增量变化；当视图缩放匹配显示整个视图时，移动光标临时尺寸按 1000mm 增量变化。角度增量同理。

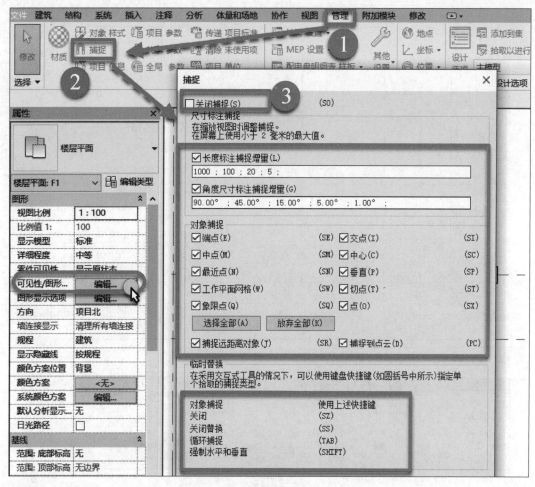

图 4-7　捕捉设置

（3）捕捉设置完成后，参照《结施 - 02》中各柱的位置布置结构柱。布置时可以设置辅助线和参考平面，以对结构柱进行定位。布置结果如图 4-8 所示。

（4）布置好"F1"楼层的结构柱以后，可以和原图纸进行对比，采用链接 CAD 的方式，把设计图链接到 Revit。

在链接之前需把图纸的测量点和基准点显示出来。切换至"F1"楼层平面，使用快捷键【VV】，或在"视图"选项卡的"图形"面板中选择"可见性 / 图形"（图 4-7），弹出"可见性 / 图形替换"对话框，在弹出的对话框"模型类别栏"中选择"场地"选项，单击后面的三角按钮展开下拉列表，勾选"测量点""基点"前的方框，单击"确定"按钮，即可将测量点和项目基点显示在楼层平面视图中，参照图 3-2 设置测量点与基点的可见性。

框选"F1"楼层平面所有图元，单击"过滤器"，除了测量点和项目基点，其他全部勾选，如图 4-9 所示，单击"修改|选择多个"选项卡中的"移动"工具，单击 1 号轴线和 A 轴线交点，移动到基点。移动完成后，用把基点、测量点和轴网固定，如图 4-10 所示。

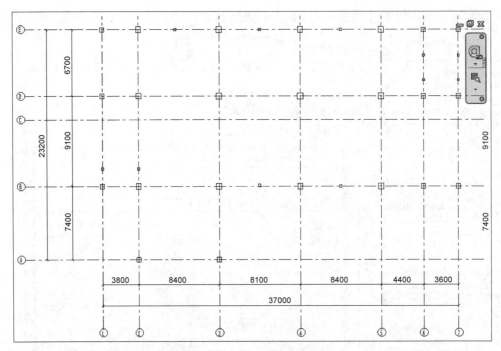

图 4-8 "F1" 柱布置完成

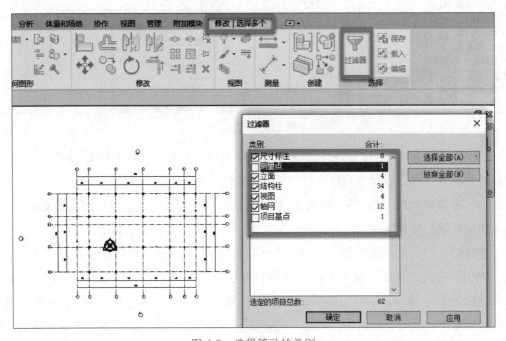

图 4-9 选择移动的类别

（5）单击"插入"选项下的"链接 CAD"，选择《结施 - 02》，勾选"仅当前视图"；"导入单位"设置为毫米，定位选择"自动 - 原点到原点"，如图 4-11 所示。导入以后，用"修改"中的"对齐"工具，将导入图纸的轴网与 Revit 文件里的轴网对齐，结果如图 4-12 所示。

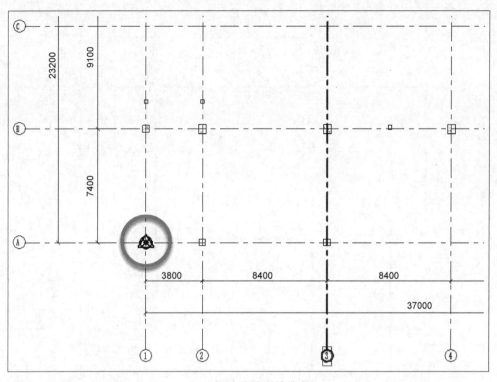

图 4-10 移动到基准点

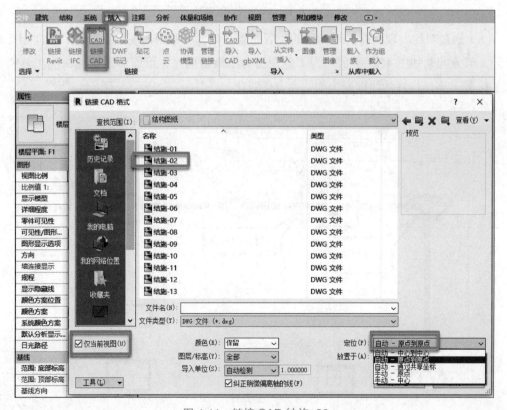

图 4-11 链接 CAD 结施 -02

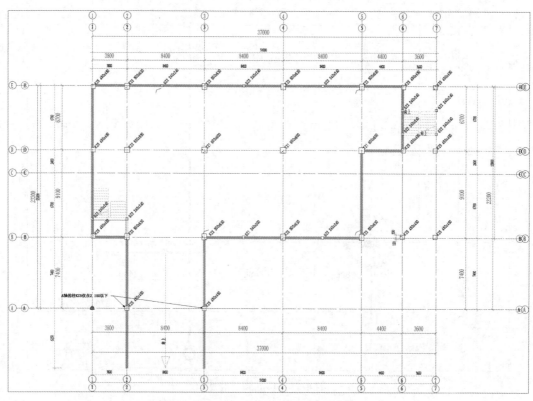

图 4-12　链接 CAD 对齐

（6）通过对比发现，有些结构柱的位置布置正确，有些则出现位置偏离、方向相反等问题，部分问题如图 4-13 所示。为了发现更为细微的偏差，可以单击快速访问工具栏中的工具 ▦，则结构柱的线框变为细线，方便对比。

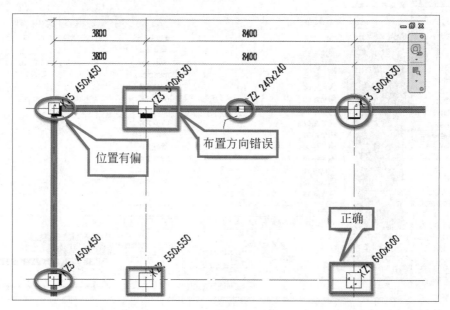

图 4-13　柱位置对比

（7）对发现的问题一一进行调整，位置不正确的，用"修改"中的"对齐"工具 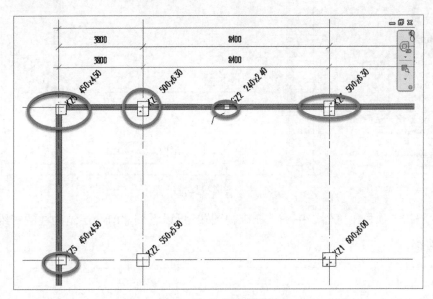 对齐。若方向错误，可以选择柱，然后按【空格】键进行翻转，每按一次【空格】键会旋转 90°。调整后的"F1"楼层结构柱如图 4-14 所示。

图 4-14 柱位置调整后

（8）框选"F1"楼层平面中所有结构柱，单击"过滤器"，勾选"结构柱"，共选择 34 个多种类型的混凝土 - 矩形结构柱。按图 4-15 所示的设置修改"属性"面板中约束的参数，单击"应用"按钮，则所有的结构柱都有统一的顶部和底部约束，但结施图中坡道的两个结构柱的约束不对，需要重新调整。

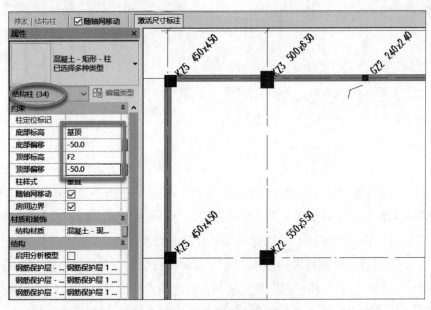

图 4-15 柱属性批量修改

选择坡道的两个结构柱，"属性"中的约束按图 4-16 所示进行设置。

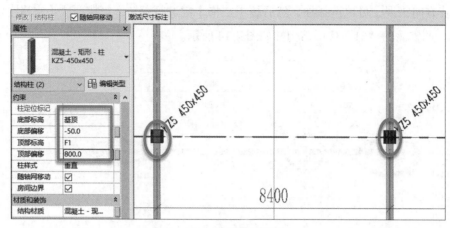

图 4-16　坡道柱属性修改

（9）双击"项目浏览器"中的"三维视图"，可以看到"F1"层结构柱的三维图，如图 4-17 所示。

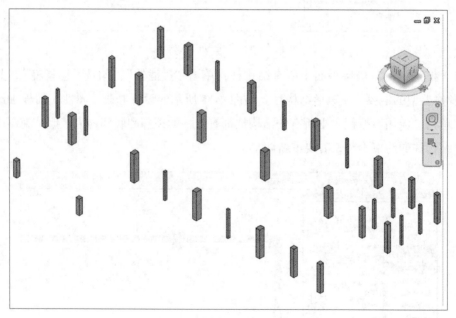

图 4-17　"F1"层柱三维图

（10）分析《结施 - 02》中的"柱平面布置图"可知 -0.050 至 9.750 的结构柱位置一致，且结构柱截面尺寸没有变化。为了绘图方便，可以直接复制"F1"楼层平面的结构柱到"F2""F3"和"F4"楼层平面，再进行后期标高的修改。

为了更直观地看到复制粘贴的过程以及完成后的效果，在"视图"选项卡的"窗口"面板中单击"平铺"工具，使"F1"楼层平面视图与三维模型视图同时平铺显示在绘图区域，框选后使用"过滤器"工具选择需要复制的结构柱，如图 4-18 所示。

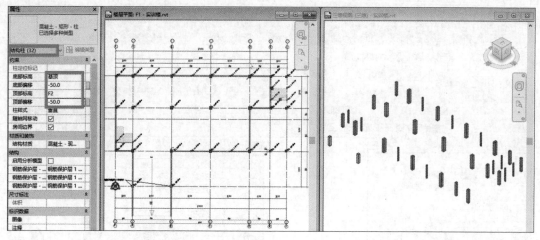

图 4-18　选择结构柱

（11）此时 Revit 自动切换至"修改|结构柱"选项卡，单击"剪贴板"面板中的"复制到剪贴板"工具 📋，然后单击"粘贴"下的"与选定的标高对齐"工具 📇，弹出"选择标高"窗口，选择"F3"，单击"确定"按钮，关闭窗口。此时 −1.05~2.15m 的结构柱已经被复制到 2.15~5.95m，如图 4-19 所示。按图 4-20 所示，将"底部偏移"和"顶部偏移"都修改成"−50"，单击"应用"按钮。再对照结施图对位置和柱类型有变化的进行修改。

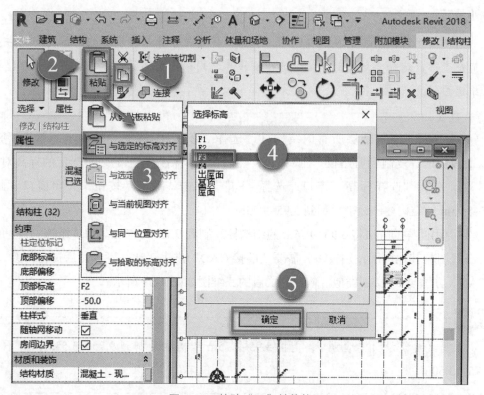

图 4-19　粘贴"F2"结构柱

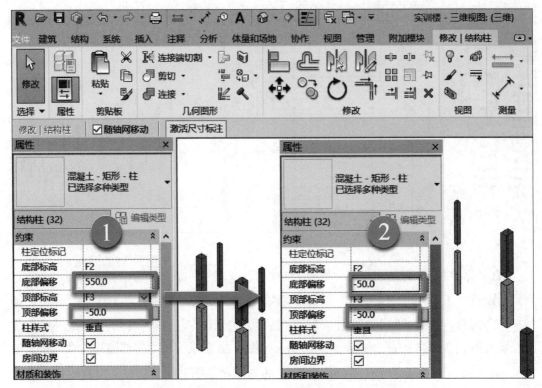

图 4-20 "F2"结构柱约束设置

> **小技巧**
>
> 　　选择图元时，从左至右拖曳光标，仅选择完全位于选择框边界内的图元。从右至左拖曳光标，选择全部或部分位于选择框边界之内的任何图元。此方法适用于二维和三维视图。

　　（12）选择"F2"楼层所有的结构柱，选择"修改 | 结构柱"选项卡，单击"剪贴板"面板中的"复制到剪贴板"工具 🗐，然后单击"粘贴"下的"与选定的标高对齐"工具 🗐，弹出"选择标高"窗口，选择"F4"，单击"确定"按钮，关闭窗口。此时2.15~5.95m 的结构柱已经被复制到 5.95~9.75m。

　　（13）用同样的方法将 5.95~9.75m 的结构柱复制到 9.75~13.55m。因《结施 - 03》的柱平面布置图与其他楼层差别较多，需要"链接 CAD"进去对比一下，然后进行修改，"链接 CAD"方法与 F1 楼层类似。修改完成后的三维图如图 4-21 所示。

> **注意**
>
> 　　根据《建筑设计总说明》，是将 5.95~9.75m 结构柱复制到 9.75~13.55m，而不是9.75~13.50m。

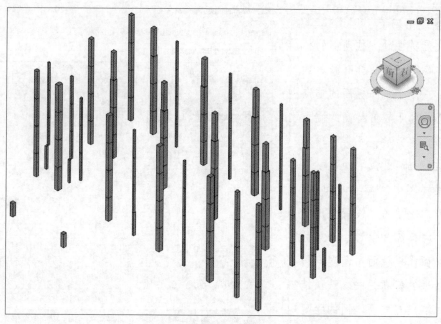

图 4-21 "F4"结构柱修改完成后的三维图

（14）切换至"屋面"楼层平面，绘制四根柱子。切换到东立面，拖动标高的 ✂，调整标高的影响范围。结构柱布置的东立面图如图 4-22 所示。最后，分别在"F1"和"F4"楼层平面使用快捷键【VV】，或在"视图"选项卡的"图形"面板中选择"可见性 / 图形"，弹出"可见性/图形替换"对话框，如图 4-23 所示，在"导入的类别"中不勾选"全选"。或者直接在楼层平面里把链接 CAD 的文件删除。

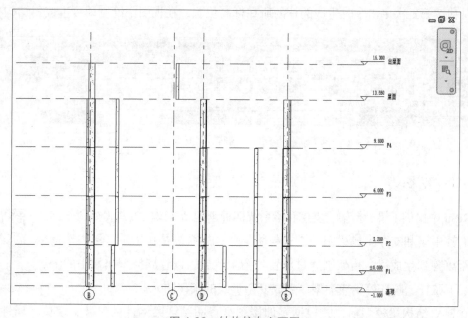

图 4-22 结构柱东立面图

注意

放置斜柱时，柱顶部的标高始终要比底部的标高高。放置柱时，处于较高标高的端点为顶部，处于较低标高的端点为底部。定义后，不得将顶部设置在底部下方。如果放置在三维视图中，"第一次单击"和"第二次单击"设置将定义柱的关联标高和偏移。如果放置在立面或横截面中，端点将与其最近的标高关联。默认情况下，端点与立面之间的距离就是偏移。

图 4-23　隐藏链接文件

4.1.4　创建倾斜结构柱

Revit 除了创建垂直于标高的结构柱外，还允许用户创建任意角度的结构柱（即倾斜结构柱）。倾斜结构柱在较高的大型轮廓结构中较为常见。在使用结构柱工具时，将"放置"面板中的创建柱方式切换为"斜柱" 🖉，如图 4-24 所示，并在选项栏中设置"第一次单击"和"第二次单击"时生成的柱的所在标高位置，在视图中绘制即可生成斜结构柱。

图 4-24　倾斜结构柱

4.2　创建结构梁

Revit 中提供了梁、桁架、支撑和梁系统四种创建结构梁的方式，如图 4-25 所示。其中梁和支撑生成梁图元方式与墙类似；梁系统是在指定区域内按指定的距离阵列生成；桁架则通过放置"桁架"族，设置族类型属性中的上弦杆、下弦杆、腹杆等梁族类型，生成复杂形式的桁架图元。

教学视频：
创建结构梁

在建立结构梁模型前，先根据实训楼图纸查阅结构梁构件的尺寸、定位、属性等信息，保证结构梁模型布置的正确性。

图 4-25 结构梁类型

4.2.1 创建水平梁

（1）建立结构梁构件类型。切换至"F1"楼层平面视图，在"结构"选项卡的"结构"面板中单击"梁"工具，进入放置梁状态，并自动切换至"修改 | 放置梁"选项卡。单击"属性"面板中的"编辑类型"按钮，打开"类型属性"窗口，单击"载入"按钮，通过默认路径"结构"→"框架"→"混凝土"打开"混凝土 - 矩形梁"，如图 4-26 所示。单击"确定"按钮后，"类型"后面显示为"300×600"（图 4-27）。

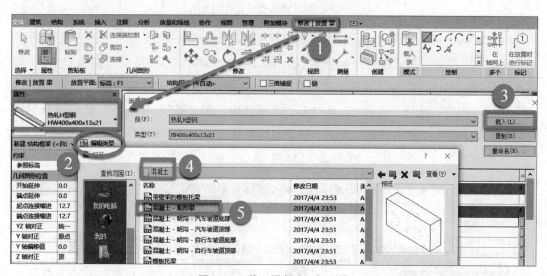

图 4-26 载入混凝土 - 矩形梁

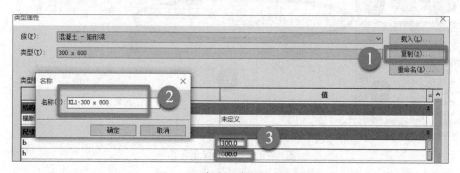

图 4-27 复制混凝土 - 矩形梁

（2）单击"复制"按钮，弹出"名称"窗口，输入"KL1-300×800"，单击"确定"按钮关闭窗口，在"b"位置输入"300"，"h"位置输入"800"。单击"确定"按钮，退出"类型属性"窗口，如图 4-27 所示。

（3）按照上述方式创建其他结构梁构件类型，全部输入完成后，"类型属性"窗口中构件类型如图 4-28 所示。

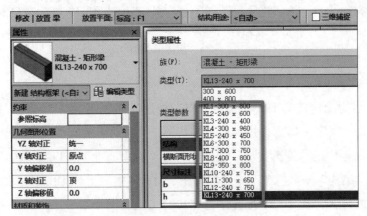

图 4-28　梁类型设置完成

（4）结构梁定义完成后，开始布置梁。根据《结施 - 04》中的"2.150 梁平面布置图"布置 F2 层结构梁。在"属性"面板中找到 KL1-300×800，Revit 自动切换至"修改 | 放置梁"选项，单击"绘制"面板中的"直线"工具 ，选项栏"放置平面"选择"标高：F2"，"结构用途"选择"自动"，不勾选"三维捕捉"和"链"。单击 1 号轴线与 B 轴线交点位置处，作为结构梁的起点，向上移动鼠标指针，单击 1 号轴线与 E 轴线交点位置处，作为结构梁的终点。弹出图 4-29 所示"警告"窗口，单击 关闭即可。

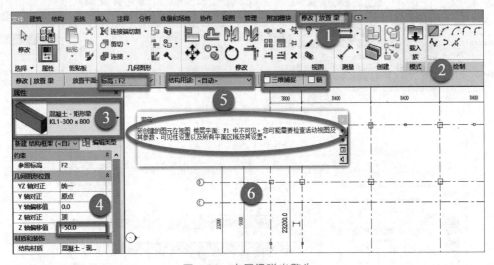

图 4-29　布置梁弹出警告

（5）为了能够显示梁，必须修改视图范围。由于绘制完毕的梁顶部与"F2"层标高 −50mm 一致，所以若要在"F2"楼层平面视图看到绘制出来的结构梁图元，需要对当前"F2"楼层平面视图进行可见性设置。按两次【Esc】键退出绘制结构梁命令，当前显示为"楼层平面"的"属性"面板，在"属性"面板的"视图范围"右侧单击"编辑"

按钮，打开"视图范围"窗口，在"底（B）"后面"偏移量"处输入"-150"，在"标高"后面"偏移量（S）"处输入"-150"，单击"确定"按钮，关闭窗口。刚才绘制的结构梁 KL1-300×800 即显示在绘图区域，如图 4-30 所示。

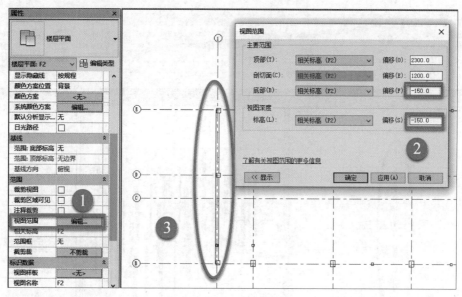

图 4-30 视图范围设置

（6）缩放到刚刚布置的 KL1-300×800，发现位置稍有偏差，修改位置使其与柱外侧精确对齐。在"修改"选项卡的"修改"面板中单击"对齐"工具，鼠标指针变成带有对齐图标的样式，单击要对齐的柱子的左边线，作为对齐的参照线，然后选择要对齐的实体 KL1-300×800 图元的左边线，此时，KL1-300×800 的结构梁边线左侧与柱左边线完全对齐，如图 4-31 所示。

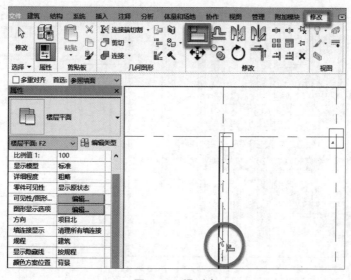

图 4-31 梁对齐

（7）可以将绘制好的梁在二维、三维同时查看，单击快速访问栏中的"三维视图"按钮 ⬡，切换到三维视图，在"视图"选项卡的"窗口"面板中单击"平铺"工具 ⬚，"F2"楼层平面视图与三维模型视图同时平铺显示在绘图区域，模型显示如图 4-32 所示。

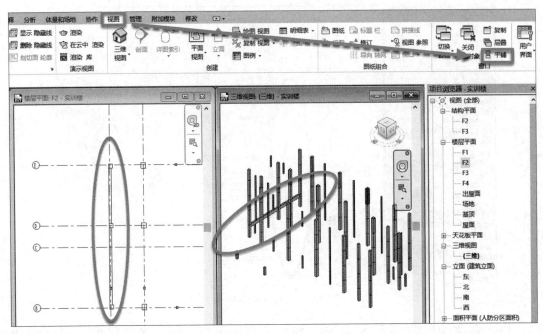

图 4-32　平铺显示窗口

（8）参照上述方法，依次布置"F2"楼层其他结构梁。在布置时一些特殊的梁可以进行实时参数调整，或者等整层的梁布置好再——调整。楼梯梁设置比"F2"低 650，如图 4-33 所示。卫生间的标高比其他房间低 50mm，故卫生间梁设置如图 4-34 所示，"起点

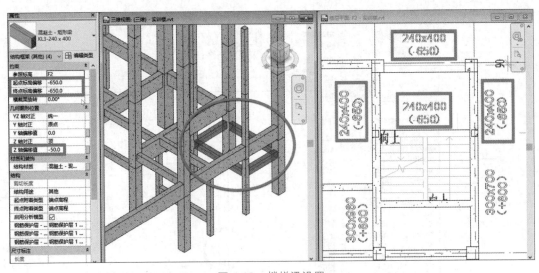

图 4-33　楼梯梁设置

标高偏移"和"终点标高偏移"均下调 50。在布置梁时发现楼梯位置有两根柱没有和梁相交，可以采用附着工具使其相交。选择要附着的柱，进入"修改 | 结构柱"选项卡，单击"附着顶部 / 底部"工具 📄，"附着样式"选择"不剪切"，单击附着的构件，就把柱附着在梁下，如图 4-35 所示。"F2"的结构梁布置完成后三维图如图 4-36 所示。

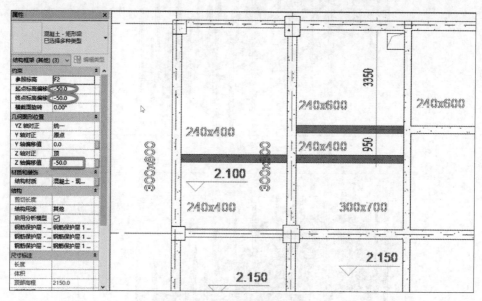

图 4-34　卫生间梁设置

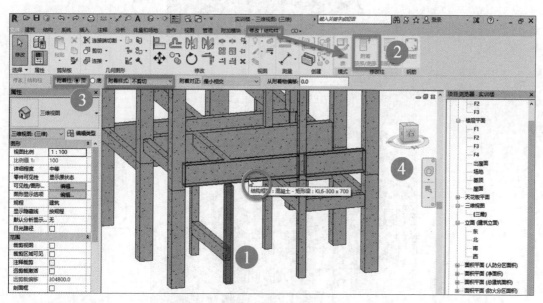

图 4-35　附着设置

（9）参照上述方法，继续绘制"F3""F4""屋面"和"出屋面"的结构梁，"F4"梁布置完成如图 4-37 所示，全部梁布置完成的结果如图 4-38 所示。

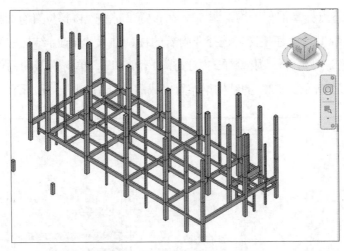

图 4-36 "F2"梁布置完成三维图

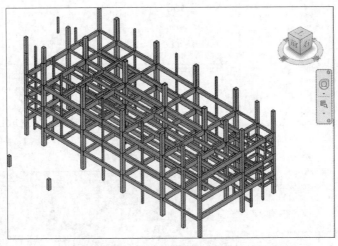

图 4-37 "F4"梁布置完成三维图

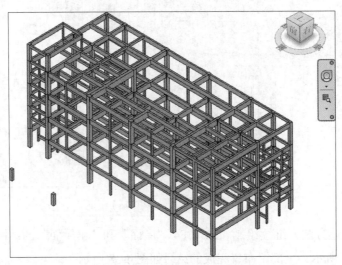

图 4-38 全部梁布置完成三维图

> **注意**
>
> 屋面和出屋面标高均为结构标高，在设置柱和梁约束时不要按建筑标高来设置。

4.2.2　创建倾斜梁

倾斜梁创建方法同水平梁，创建完成后进行倾斜调整。接下来，在坡道处添加两个倾斜梁。

（1）进入"基顶"楼层平面，在"结构"选项卡的"结构"面板中单击"梁"工具，进入放置梁状态，并自动切换至"修改|放置梁"选项卡。单击"属性"面板中的"编辑类型"按钮，打开"类型属性"窗口，单击"复制"按钮创建一个斜梁，具体设置如图 4-39 所示。

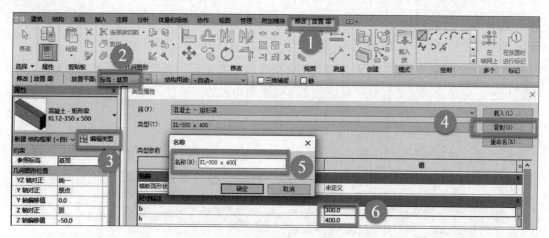

图 4-39　斜梁类型设置

（2）放置斜梁，弹出图元在楼层平面"基顶"不可见的对话框，修改视图范围，参照图 4-30。选择两个斜梁，在"起点标高偏移"处输入"400"，"终点标高偏移"处输入"900"，按【Enter】键完成修改，结果如图 4-40 所示。

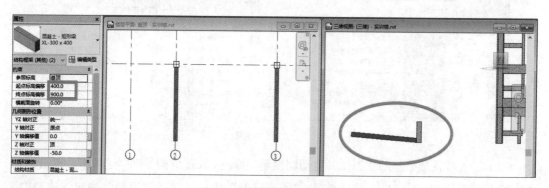

图 4-40　斜梁实例属性设置

> **说明**
>
> 　　使用 Z 轴偏移值设置梁，不可以设置不同的开始和结束值，因此该设置不能生成倾斜梁。如果使用起点 / 终点标高偏移设置梁，可以在梁的起点 / 终点设定不同的偏移值，因此适合创建斜梁。

4.3　创建结构基础

　　基础是将结构所承受的各种作用传递到地基上的结构组成部分，按构造形式可分为独立基础、条形基础、满堂基础和桩基础等。Revit 提供了三种基础形式，分别为独立基础、条形基础（墙基础）和基础底板，用于生成建筑不同类型的基础形式。独立基础是将自定义的基础族放置在项目中，作为基础参与结构计算；条形基础的用法为沿墙底部生成带状基础模型；基础底板可以用于创建建筑筏板基础，用法和楼板一致。

教学视频：创建结构基础

　　下面为实训楼创建结构基础。建立基础模型前，先根据实训楼结施图纸，查阅独立基础的尺寸、定位、属性等信息，保证独立基础模型布置的正确性。

4.3.1　创建独立基础

　　（1）进入"基顶"楼层平面，在"结构"选项卡的"基础"面板中单击"独立"工具 ，提示载入结构基础族，在"结构"→"基础"中打开"独立基础 - 三阶"，如图 4-41 所示。

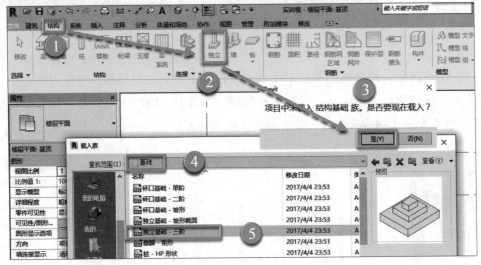

图 4-41　载入"独立基础 - 三阶"

　　（2）进入放置独立基础状态，并自动切换至"修改 | 放置结构基础"选项卡。单击"属性"面板中的"编辑类型"按钮，打开"类型属性"窗口，单击"复制"按钮创建 DJ-1，具体设置如图 4-42 所示。DJ-2 和 DJ-3 的设置方法同 DJ-1，设置结果如图 4-43 和图 4-44 所示。

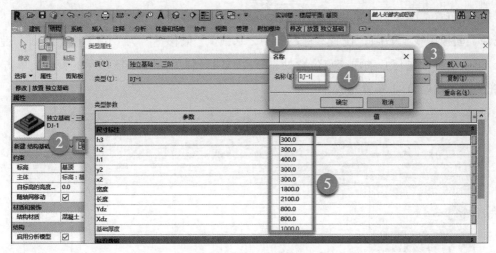

图 4-42 DJ-1 参数设置

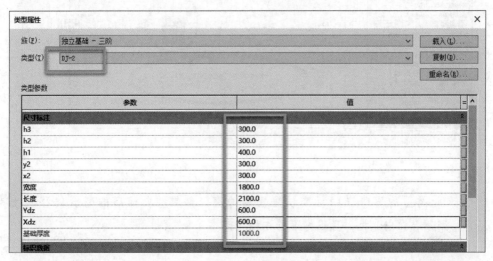

图 4-43 DJ-2 参数设置

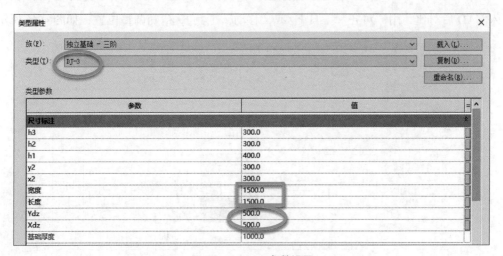

图 4-44 DJ-3 参数设置

（3）布置"DJ-1"构件。根据《结施 - 08》中"基础平面布置图"布置独立基础。在"属性"面板中找到 DJ-1，设置"标高"为"基顶"，"偏移量"为"0"，按【Enter】键确认，单击 2 号轴线与 E 轴线交点位置处，布置 DJ-1，弹出如图 4-45 所示的警告，单击 ✖ 按钮关闭。此处 DJ-1 布置完成。

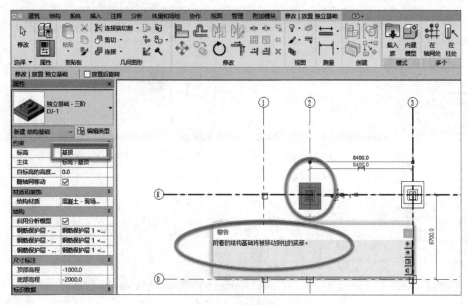

图 4-45　放置 DJ-1

┃说明

出现此类型的警告说明标高设置上有冲突，如果"自标高的高度偏移"改为"-50"，则不会弹出此框，且正好附着在柱底部。

（4）根据图纸中独立基础的位置标注调整其位置，也可以采用"链接 CAD"工具，导入 CAD 后对比，用"对齐"工具 ┗ 或"移动"工具 ✛ 精确调整位置，如图 4-46 所示。

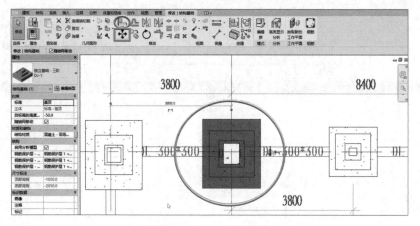

图 4-46　DJ-1 位置调整

（5）可以用"复制"按钮 继续绘制其他的独立基础结构，如图 4-47 所示，勾选"多个"进行复制。全部独立基础布置完成后，为了方便显示所有独立基础，可以选择临时隐藏上部构件，切换到三维视图的某一个面，选择上部构件，单击左下角的眼镜图标 ，选择"隐藏图元"，如图 4-48 所示。上部结构隐藏以后，所有的独立基础都可以看到了，如图 4-49 所示。

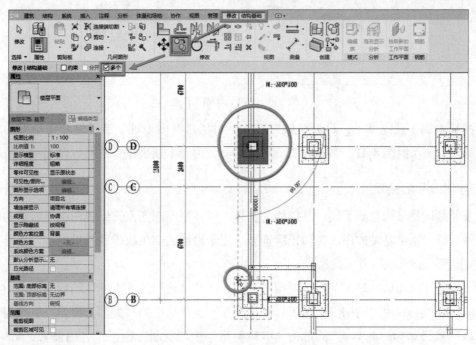

图 4-47　DJ-2 复制

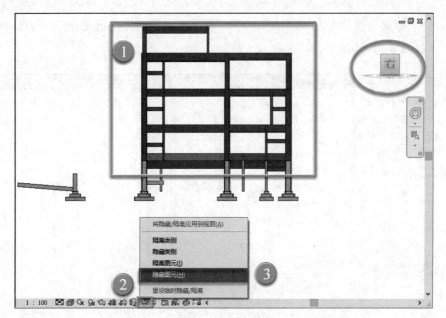

图 4-48　临时隐藏图元

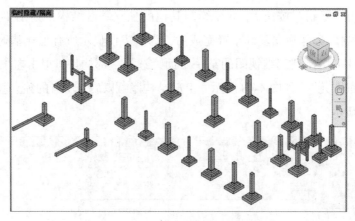

图 4-49 独立基础完成

桩基也属于独立基础，可以从族库载入，包括具有多个桩、矩形桩和单个桩的桩帽等，载入方法参照图 4-41，布置方法参照图 4-45，由于本项目没有桩基，在此不再赘述。

4.3.2 创建条形基础

条形基础是结构基础类别，并以墙为主体。可在平面视图或三维视图中沿着结构墙放置这些基础。条形基础的用法类似于墙饰条，用于沿墙底部生成带状基础模型。条形基础被约束到所支撑的墙，并随之移动。

（1）创建结构墙。进入"基顶"楼层平面，在"结构"选项卡的"结构"面板中，单击"墙"下拉列表中"结构墙"选项。在"属性"选项板上的"类型选择器"下拉列表中选择墙的族类型为"基本墙"。单击"编辑类型"中"复制"按钮，名称设为"结构墙-现浇-240"，如图 4-50 所示。单击图 4-50"结构"右侧的"编辑"按钮，进入结构墙参数的设置。将"厚度"改为 240，"材质"选择"混凝土-现场浇注混凝土"，勾选"使用渲染外观"，如图 4-51 所示。

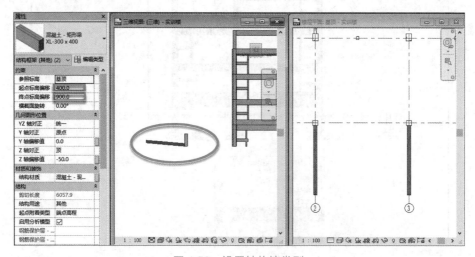

图 4-50 设置结构墙类型

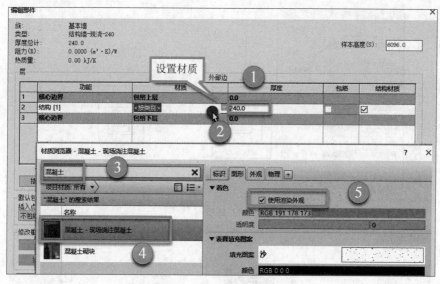

图 4-51　设置结构墙参数

（2）在"属性"面板中选择刚刚创建的结构墙，参数设置如图 4-52 所示。如果勾选"链"，可以创建连续墙。

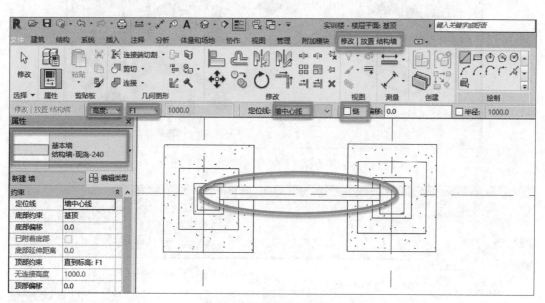

图 4-52　放置结构墙

（3）选择墙，在"属性"选项板中，修改墙的属性，按图 4-53 所示修改。

（4）放置其他结构墙，并按上述方式修改参数。布置完成后三维效果如图 4-54 所示。其中，车棚入库的结构墙要修改其轮廓，顶部偏离设为"800"。

（5）进入"基顶"楼层平面，在"结构"选项卡的"基础"面板中单击"墙"按钮，并从类型选择器下拉列表中选择"条形基础"族的"连续基脚"类型，单击"编辑类型"按钮，复制一个新的条形基础，命名为"DL-300×300"，参数设置如图 4-55 所示。

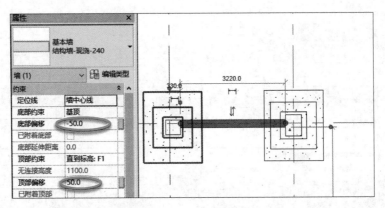

图 4-53　修改结构墙

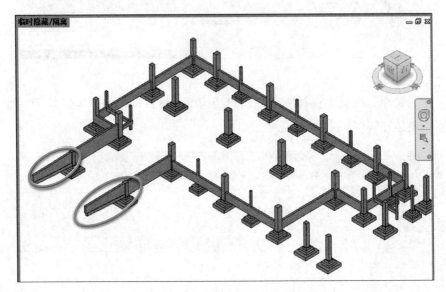

图 4-54　结构墙布置完成

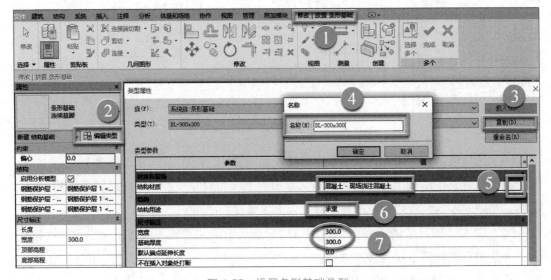

图 4-55　设置条形基础类型

（6）在"修改|放置 条形基础"选项卡中找到"多个"面板中的"选择多个"工具 ，按住鼠标左键，框选所有的结构墙，单击"完成"按钮，如图4-56所示。条形基础放置完成后局部效果见图4-57。

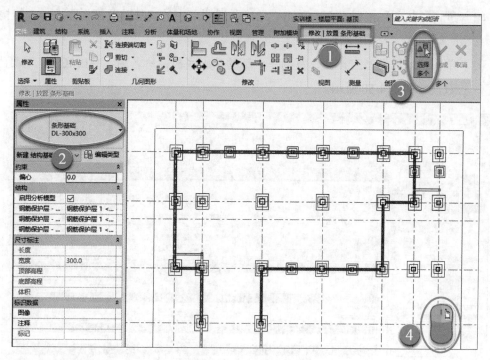

图4-56　放置条形基础

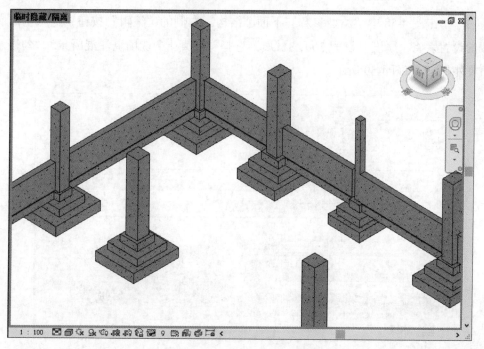

图4-57　条形基础完成后局部

4.3.3 创建其他基础

在本项目中有一个基础底板，是属于基础的范围。基础底板可以用"结构基础：楼板"工具来绘制模型的基础。

（1）进入"基顶"楼层平面，单击"结构"选项卡中的"基础"面板，选择"结构基础：楼板"⟋。

（2）单击"编辑类型"按钮，复制一个新的基础底板，命名为"基础底板_混凝土_300"，参数设置如图 4-58 所示。

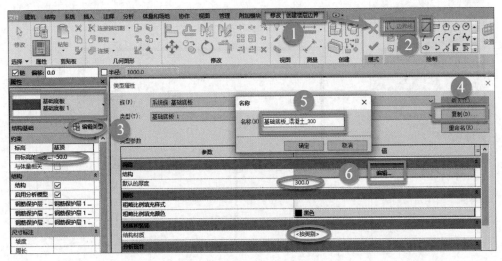

图 4-58　设置基础底板类型

（3）单击图 4-58 中"类型参数"下面"结构"右侧的"编辑"按钮，进入基础底板参数的设置。将"厚度"设为 300，"材质"选择"混凝土 - 现场浇注混凝土"，勾选"使用渲染外观"，如图 4-59 所示。

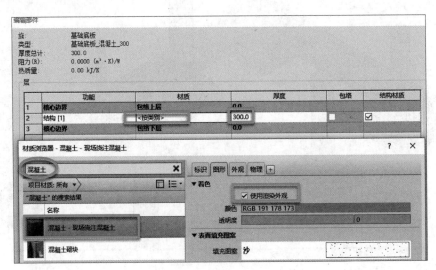

图 4-59　设置基础底板参数

（4）在"修改 | 创建楼层边界"选项卡中找到"绘制"面板中的"线"工具，用鼠标左键，沿地梁内侧布置楼板边界，如图 4-60 所示。单击"完成"按钮，出现如图 4-61 所示的对话框，单击"否"按钮。基础底板放置完成，如图 4-62 所示。

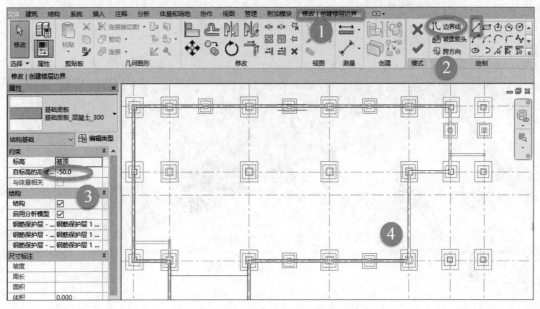

图 4-60　创建底板边界

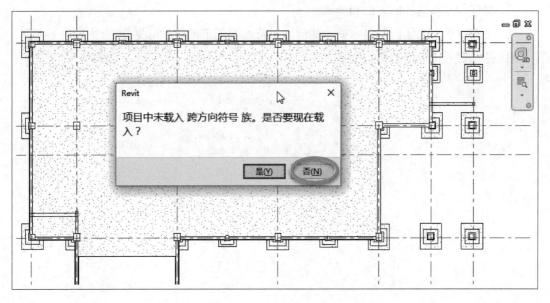

图 4-61　跨方向设置

小技巧

基础底板边界与柱相交处自动被柱分割，绘制基础底板边界时不用沿柱绘制。

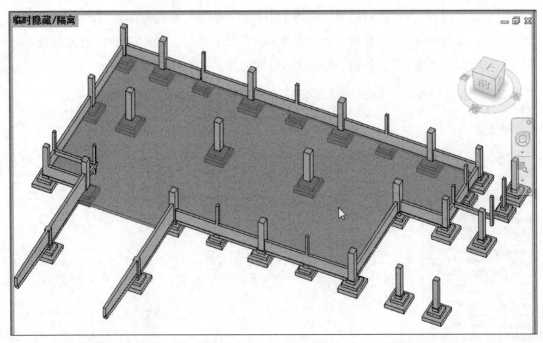

图 4-62　基础底板放置完成

—— 习题 ——

1. 简述创建结构柱的方法和步骤。

2. 布置梁后，为了能够显示梁，如何通过修改视图范围使其可见？

3. 基础底板边界线创建有哪些方法？

第 5 章　创建墙体

第 4 章主要介绍了使用 Revit 的结构柱、梁和基础工具为实训楼项目建立柱、梁基础等构件。本章将介绍项目中墙体的创建和编辑方法，从整体出发，完成实训楼项目的所有墙体模型。

第 5 章配套
模型下载

5.1　创建常规墙体

墙是 Revit 中最灵活也是最复杂的建筑构件。在 Revit 中，墙属于系统族，可以根据指定的墙结构参数定义生成三维墙体模型。建立墙体模型前，先根据实训楼建施图查阅墙体的尺寸、定位、属性等信息，保证墙体模型布置的正确性。

教学视频：创
建常规墙体

5.1.1　定义墙体类型

在 Revit 中创建墙体时，需要先定义好墙体的类型，包括墙厚、做法、材质、功能等，再指定墙体的平面位置、高度等参数。Revit 提供基本墙、幕墙和叠层墙三种族。使用"基本墙"可以创建项目的外墙、内墙及分隔墙等墙体。接下来，使用"基本墙"族创建实训楼墙体。

（1）切换至"F1"楼层平面视图。如图 5-1 所示，在"建筑"选项卡的"构建"面板中单击"墙"工具 🗐 下拉列表，在列表中选择"墙：建筑"工具 🗐，自动切换至"修改 | 放置 墙"选项卡。在"属性"面板中可以看到第 4 章创建的"结构墙 - 现浇 -240"，单击"属性"面板中的"编辑类型"按钮，打开墙"类型属性"对话框。单击类型列表后的"复制"按钮，在"名称"对话框中输入"建筑外墙 _ 灰浆砌块 _ 板岩褐色 _240"作为新类型名称，单击"确定"按钮返回"类型属性"对话框。

（2）如图 5-2 所示，确认"类型属性"对话框墙体类型参数列表中的"功能"为"外部"。单击"结构"参数后的"编辑"按钮，打开"编辑部件"对话框。

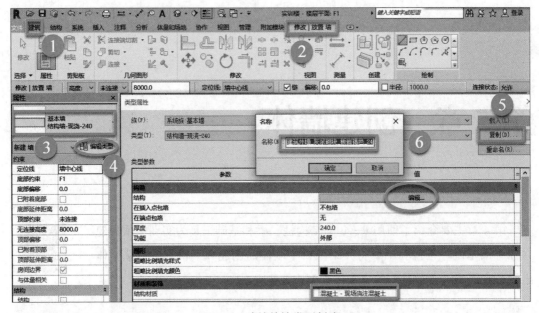

图 5-1　建筑外墙类型创建

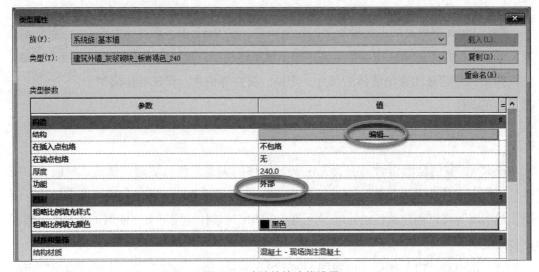

图 5-2　建筑外墙功能设置

┃ 说明

在 Revit 墙类型参数中"功能"用于定义墙的用途，它反映墙在建筑中所起的作用。Revit 提供了内部、外部、基础墙、挡土墙、檐底板及核心竖井 6 种墙功能。在管理墙时，墙功能可以作为建筑信息模型中信息的一部分，用于对墙进行过滤、管理和统计。

（3）如图 5-3 所示，在层列表中，墙包括一个厚度为 240 的结构层，其材质设置为"混凝土砌块"。单击"编辑部件"对话框中的"插入"按钮两次，在"层"列表中插入两个新层，新插入的层默认厚度为 0.0，且功能均为"结构 [1]"。

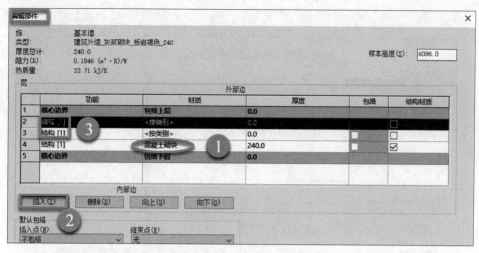

图 5-3　插入新层

│说明

墙部件定义中"层"用于表示墙体的构造层次。"编辑部件"对话框中定义的墙结构列表中从上到下代表墙构造从外到内的构造顺序。

部件的各层可被指定下列功能。

结构 [1]：支撑其余墙、楼板或屋顶的层。

衬底 [2]：作为其他材质基础的材质（例如胶合板或石膏板）。

保温层 / 空气层 [3]：隔绝并防止空气渗透。

涂膜层：通常用于防止水蒸气渗透的薄膜。涂膜层的厚度应该为零。

面层 1[4]：面层 1 通常是外层。

面层 2[5]：面层 2 通常是内层。

结构层具有最高优先级（优先级 1）。"面层 2"具有最低优先级（优先级 5）。Revit 首先连接优先级高的层，然后连接优先级低的层。

（4）单击编号 2 的墙构造层，Revit 将高亮显示该行。单击"向上"按钮，向上移动该层直到该层编号变为 1，修改该行的"厚度"值为 20。注意其他层编号将根据所在位置自动修改。如图 5-4 所示，单击第 1 行的"功能"单元格，在功能下拉列表中选择"面层 1[4]"。

（5）单击第 1 行"材质"单元格中的"浏览"按钮 ▥，弹出图 5-5 所示的"材质"对话框。在搜索框内输入"板岩"，显示"在该文档中找不到搜索术语"的对话框。新建一个材质，单击"创建并复制材质"按钮 ▣，单击"新建材质"选项。右击将新材质重命名为"板岩褐色"。

（6）选择刚刚创建的材质"板岩褐色"，对其图形和外观等信息进行修改。单击 ▤ 按钮打开资源浏览器，在搜索框中输入"板岩"，按图 5-6 所示的步骤，用新材质替换原来的"板岩褐色"材质，结果如图 5-7 所示。

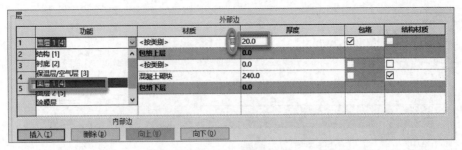

图 5-4　面层 1 设置

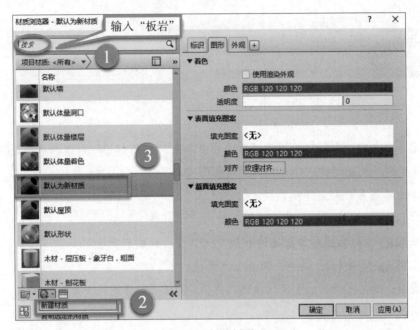

图 5-5　新建材质

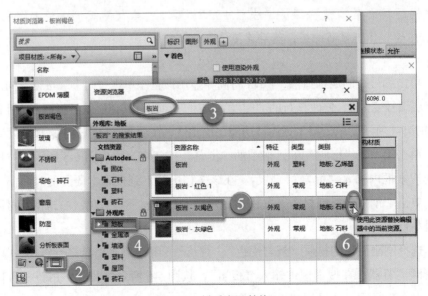

图 5-6　材质资源替换

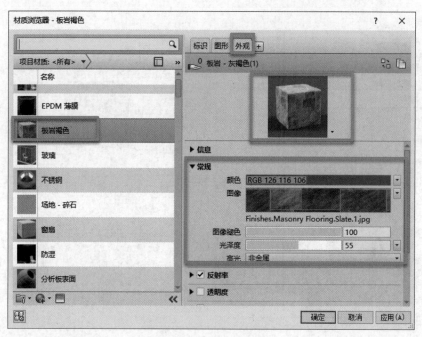

图 5-7　替换后材质

（7）单击选择编号 3 的墙构造层，单击"向下"按钮，向下移动该层直到该层编号变
为 5，修改该行的"厚度"值为 20。单击第 5 行的"功能"单元格，在功能下拉列表中选
择"面层 2[5]"，如图 5-8 所示。

层					
			外部边		
	功能	材质	厚度	包络	结构材质
1	面层 1 [4]	板岩褐色	20.0	☑	
2	核心边界	包络上层	0.0		
3	结构 [1]	混凝土砌块	240.0		☑
4	核心边界	包络下层	0.0		
5	面层 2 [5]	<按类别>	20.0	☑	
			内部边		
	插入(I)	删除(D)	向上(U)	向下(O)	

图 5-8　面层 2 设置

（8）单击"材质"单元格中的"浏览"按钮 ，弹出图 5-9 所示的"材质"对话框。
单击 按钮显示库面板，在搜索框内输入"灰浆"，显示"在该文档中找不到搜索术语"
的对话框，但下部 Autodesk 和 AEC 材质库中有"灰浆"，单击 或 按钮，将材质添加到
文档中，单击"确定"按钮。如图 5-10 所示，外墙的材质全部设置完成。

（9）如图 5-11 所示，单击"属性"面板中的"编辑类型"按钮，打开"类型属性"窗
口，单击"复制"按钮创建"建筑内墙 _ 灰浆砌块 _240"，设置功能参数为"内部"。单
击"结构"中的"编辑"按钮，按照外墙参数的设置方法，设置内墙参数，结果如图 5-12
所示。单击"确定"按钮，设置完成。

图 5-9 灰浆材质创建

层		外部边			
	功能	材质	厚度	包络	结构材质
1	面层 1 [4]	板岩褐色	20.0	☑	
2	核心边界	包络上层	0.0		
3	结构 [1]	混凝土砌块	240.0	□	☑
4	核心边界	包络下层	0.0		
5	面层 2 [5]	灰浆	20.0	☑	□

图 5-10 外墙参数设置完成

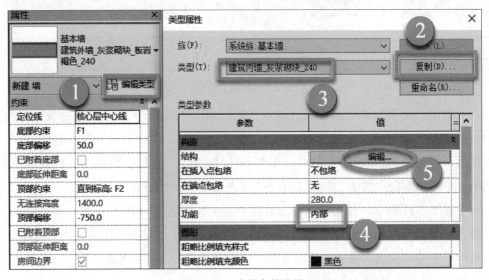

图 5-11 内墙参数设置

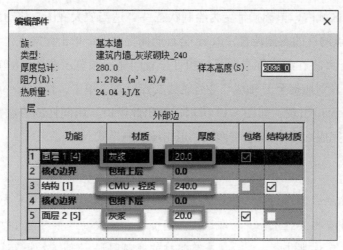

图 5-12 编辑内墙参数

5.1.2 布置墙体

（1）确认当前工作视图为"F1"楼层平面视图，确认 Revit 仍处于"修改 | 放置 墙"状态。如图 5-13 所示，设置"绘制"面板中的绘制方式为"直线" ，设置选项栏中的墙"高度"为"F2"，表示墙高度由当前视图标高"F1"直到标高"F2"。设置墙"定位线"为"核心层中心线"，不勾选"链"选项，设置偏移量为 0。

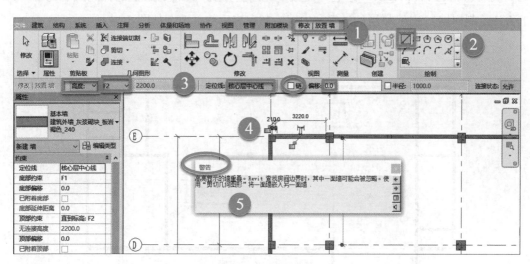

图 5-13 放置外墙

║说明

如果勾选"链"选项，将连续绘制墙，在绘制时第一面墙的终点将作为第二面墙的起点。

提示

Revit 提供了 6 种墙定位方式：墙中心线、核心层中心线、面层面外部、面层面内部、核心面外部和内部。在墙类型属性定义中，由于核心内外表面的构造可能并不相同，因此核心中心与墙中心也可能并不重合。

（2）在绘图区域内，鼠标指针变为绘制状态 ┼，适当放大视图，移动鼠标指针至 E 轴线与 1 号轴线交点的柱的右侧位置，Revit 会自动捕捉端点，单击此端点作为墙的起点。移动鼠标指针，Revit 将在起点和当前鼠标指针位置间显示预览示意图。沿 E 轴线水平向右移动鼠标指针，直到捕捉至 E 轴线与 2 号轴线交点位置，单击，作为第一面墙的终点。此时会有一个警告窗口出现，如图 5-13 所示，关闭此窗口。用同样的方法完成"F1"层所有外墙的绘制。完成后按【Esc】键两次，退出墙绘制模式。

说明	提示
图 5-13 所示的警告窗口出现，说明墙和其他构件有重叠，需要后期进行调整，或直接在属性面板中调整。	当墙与建筑柱相邻放置或相互重叠时，图元将自动连接。连接后，墙核心边界内定义的墙层会延伸并填充建筑柱的几何图形。核心外的各层包络并跟随柱图元的边缘。自动连接并不适用于结构柱，在结构柱位置应分段绘制墙。

（3）在"建筑"选项卡"构建"面板中单击"墙"工具 🮲 下拉列表，在列表中选择"墙：建筑"工具 🮲，自动切换至"修改 | 放置 墙"选项卡，在属性面板中选择"建筑内墙 _ 灰浆砌块 _240"，设置"绘制"面板中的绘制方式为"直线" ◪，用与绘制外墙一样的方法绘制内墙。"F1"楼层的外墙和内墙绘制完成后的平面图如图 5-14 所示。

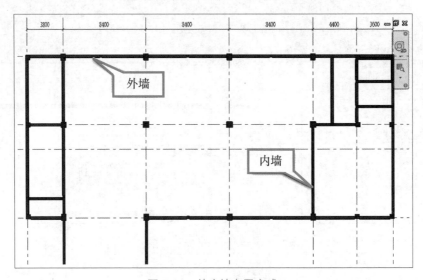

图 5-14　外内墙布置完成

5.2　墙体修改与编辑

出现如图 5-13 所示的警告窗口，说明墙和其他构件有重叠，需要对墙的属性参数进行修改，使其没有重叠冲突。

教学视频：墙体修改与编辑

5.2.1　墙体连接

建筑柱如果连接到墙，就会继承连接到的墙的材质，结构柱则不会，所以墙体和结构柱重叠时，必须要调整墙体的位置。下面以刚刚创建的 E 轴线上 1 号轴线和 2 号轴线之间的这段墙为例，介绍墙的修改方法。

（1）查看该段墙体上部和下部约束的标高情况。单击要修改的墙体，在属性面板中，把"底部偏移"改为"50"，"顶部偏移"改为"-450"，如图 5-15 所示，修改完成后，墙体不再与上部梁及下部结构墙有重叠。单击该墙，墙上部出现"翻转"符号 ⇕，该符号所在位置表示墙"外部"的方向，即墙的"外侧"。如果布置墙时"外部"和"内部"相反，单击"翻转"符号或按【空格】键，Revit 沿定位线翻转墙的方向并在墙另一侧显示符号，表示已翻转墙"内外"表面。

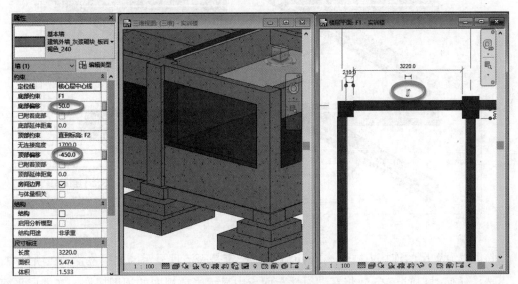

图 5-15　外墙属性设置

（2）墙相交时，Revit 默认情况下会创建平接连接，并通过删除墙与其相应构件层之间的可见边来清理平面视图中的显示。Revit 通过控制墙端点处"允许连接"方式控制连接点处墙连接的情况。该选项适用于叠层墙、基本墙和幕墙各种墙图元实例。图 5-16 所示为同样绘制水平墙表面的两面墙，允许墙连接和不允许墙连接的情况。

提示

绘制时，Revit 将墙绘制方向的左侧设置为"外部"。因此，在绘制外墙时，如果采用"顺时针"方向绘制，可以保证在 Revit 中绘制的墙体有正确的"内外"方向。

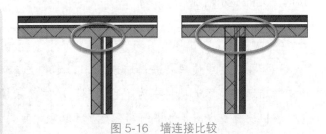

图 5-16　墙连接比较

除可以控制墙端点的允许连接和不允许连接外，当两个墙相连时，还可以控制墙的连接形式。在"修改"选项卡"几何图形"面板中提供了墙连接工具 ⬛，如图 5-17 所示。移动鼠标指针至墙图元相连接的位置，在墙连接位置显示预选边框。单击要编辑墙连接的位置，即可通过修改选项栏连接方式修改墙连接，图 5-17 所示为三种连接方式与不允许连接的比较。

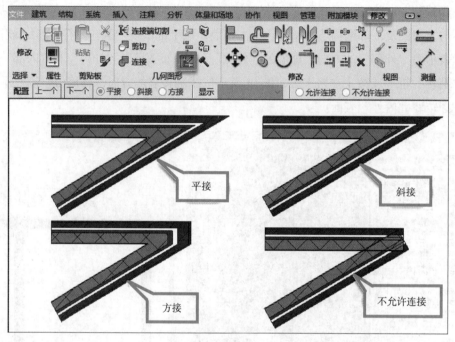

图 5-17　墙连接方式比较

除可以设置墙的连接方式外，Revit 还可以确定是否清理显示墙连接位置。在项目中，当不选择任何对象时，Revit 将在"属性"面板中显示当前视图的视图属性。在楼层平面视图属性中提供了当前视图中墙连接的默认显示方式，如图 5-18 所示，在当前视图中所有墙连接将显示为"清理所有墙连接"，表示在默认情况下，Revit 将清理视图中所有墙的连接。

除可以设置墙的连接方式外，Revit 还可以确定是否清理显示墙连接位置。如图 5-19 所示，在完全相同的平接情况下，左侧为清理墙连接的图元显示情况，右侧为不清理墙连接时图元的显示情况。

> **提示**
>
> 当在视图中使用"编辑墙连接"工具单独指定了墙连接的显示方式后，视图属性中的墙连接显示选项将变为不可调节。必须确保视图中所有的墙连接均为默认的"使用视图设置"视图属性中的墙连接显示选项才可以设置和调整。

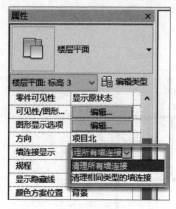

图 5-18 墙连接显示

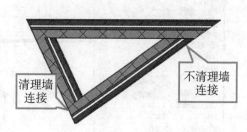

图 5-19 墙连接清理与否对比

5.2.2 编辑墙体轮廓

在大多数情况下，放置直墙时，墙的轮廓为矩形。如设计要求其他的轮廓形状，或要求墙中有洞口，可在剖面视图或立面视图中编辑墙的立面轮廓。下面以 D 轴线、E 轴线和 5 号轴线、6 号轴线之间的墙为例，介绍如何修改墙体轮廓。

（1）进入"F1"楼层平面视图，单击"视图"选项卡，在"创建"面板中选择"剖面"工具 ◐，如图 5-20 所示。将光标放置在剖面的起点处，并拖曳光标穿过模型，当到达剖面的终点时单击，这时将出现剖面线和裁剪区域，并且已选中它们，如图 5-21 所示。在"项目浏览器"中找到"剖面 1"，双击打开，如图 5-22 所示。可通过拖曳图 5-21 所示的蓝色控制柄来调整裁剪区域的大小，剖面视图的深度将相应地发生变化。可以通过单击 ⇆ 调整视图方向，通过拖曳图 5-22 中椭圆形圈出的蓝色圆点来调整裁剪区域的竖向高度和水平宽度。调整后的剖面图如图 5-23 所示。

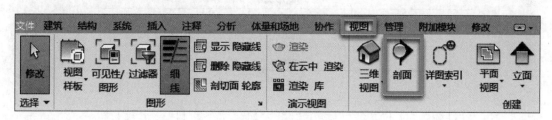

图 5-20 "剖面"工具

（2）在绘制区域，选择墙，然后单击"修改 | 墙"选项卡中的"模式"面板，单击"编辑轮廓"按钮 🖉，如图 5-24 所示。

（3）打开后墙的轮廓以洋红色模型线显示，进入"修改 | 墙 > 编辑轮廓"选项卡，使用"修改"和"绘制"面板上的工具根据需要编辑轮廓，如图 5-25 所示。修改以后的墙轮廓如图 5-26 所示。完成后，单击 ✔ 按钮完成编辑模式。其他墙体参照此方法完成。图 5-27 是"F1"层内外墙修改完成后的效果图，右上角为刚刚修改的轮廓墙体和梁连接位置的放大图。

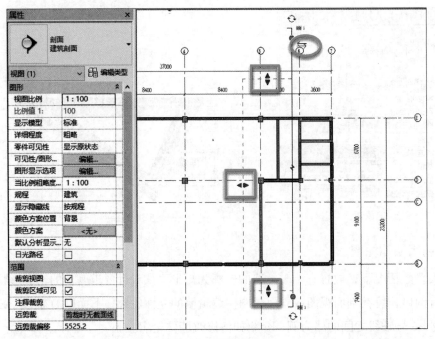

图 5-21　放置剖面

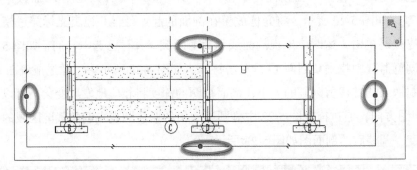

图 5-22　剖面 1

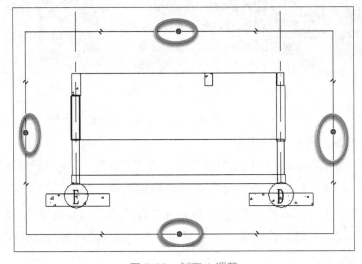

图 5-23　剖面 1 调整

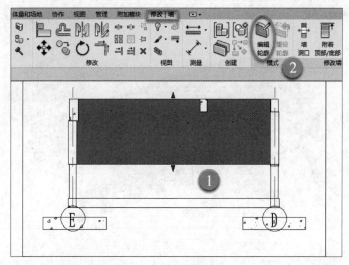

图 5-24 编辑轮廓工具

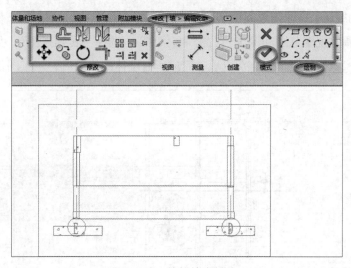

图 5-25 编辑轮廓模式

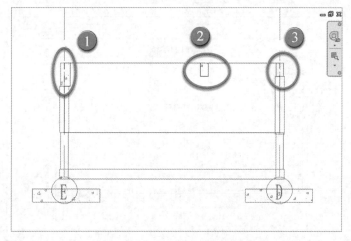

图 5-26 修改墙边界轮廓

图 5-27 "F1"层内外墙修改完成

（4）切换至"F2"楼层平面视图，按照"F1"楼层的方法绘制外墙和内墙。D 轴线、E 轴线和 1 号轴线、3 号轴线之间的卫生间内墙底标高和连接与其他墙体不一样，需要创建"剖面 2"，调整视图范围和深度，右击"剖面 2"，选择"转到视图"，如图 5-28 所示。修改墙的边界轮廓，结果如图 5-29 所示。完成所有墙体的修改后，三维图如图 5-30 所示。

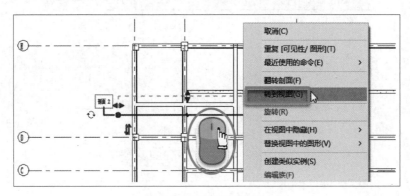

图 5-28 转到剖面视图

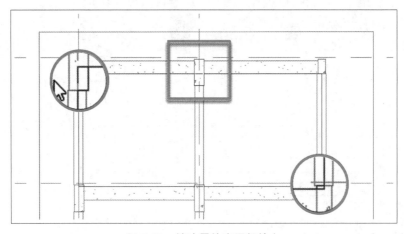

图 5-29 墙边界轮廓局部放大

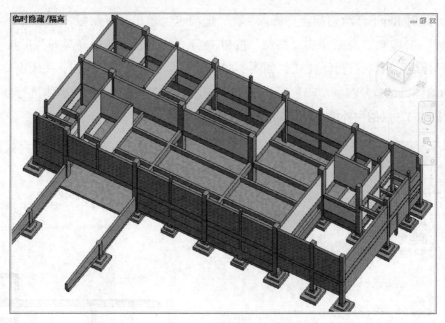

图 5-30 "F2"层内外墙完成

（5）可以通过复制和粘贴的方式完成三层外墙和内墙的创建。切换至三维视图的某一个立面，框选"F2"层所有的构件后使用"过滤器"工具，勾选"墙"，其他取消勾选，如图 5-31 所示。

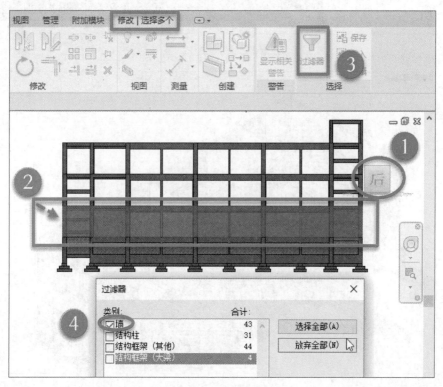

图 5-31 选择"F2"墙

（6）此时 Revit 自动切换至"修改 | 墙"选项卡，单击"剪贴板"面板中的"复制到剪贴板"工具 📋，然后单击"粘贴"按钮 📋 下的"与选定的标高对齐"工具 📋，弹出"选择标高"窗口，选择"F3"，如图 5-32 所示。单击"确定"按钮，关闭窗口，此时"F2"的墙体已经被复制到"F3"层。对"F3"层与"F2"层有差别的墙体进行创建和修改，完成"F3"层的内外墙，结果如图 5-33 所示。

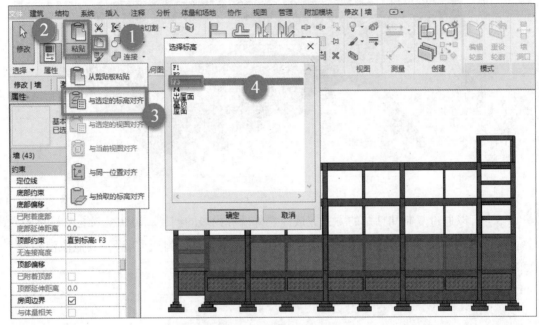

图 5-32　粘贴"F2"墙

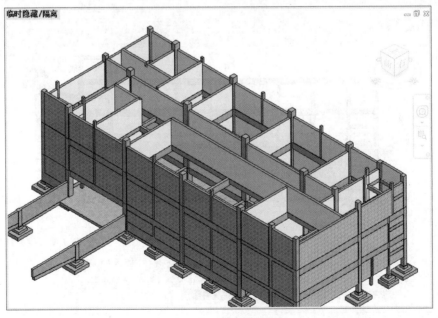

图 5-33　"F3"层墙体完成

（7）采用相同的方法复制"F3"层外墙和内墙，在"粘贴"中"与选定的标高对齐"中选择"F4"，单击"确定"按钮，关闭窗口，此时"F3"的墙体已经被复制到"F4"层。对"F4"层与"F3"层有差别的墙体进行创建和修改，完成"F4"层的内外墙，结果如图 5-34 所示。

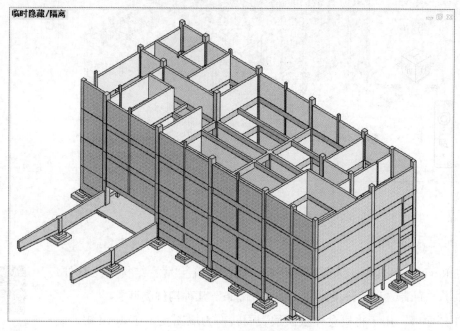

图 5-34　"F4"层墙体完成

（8）切换至"屋面"楼层平面视图，基于"建筑内墙 _ 灰浆砌块 _240""复制"创建一个"建筑外墙 _ 粉刷 _240"，设置功能参数为"外部"，单击"结构"中的"编辑"按钮，设置参数，结果如图 5-35 所示。单击"确定"按钮，设置完成。布置该墙体，结果如图 5-36 所示。

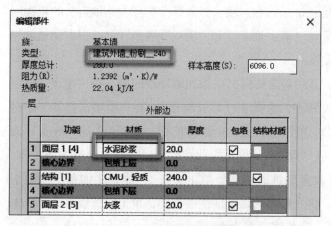

图 5-35　设置屋顶墙体参数

> ▌说明
>
> 图 5-36 所示右下角的地梁位于 7 号轴线上，D 轴线和 E 轴线之间，添加方式同其他结构梁，截面尺寸为 300mm× 300mm，混凝土材质。

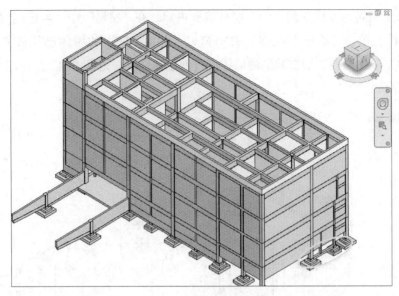

图 5-36　屋顶墙体完成

5.3　创建异形墙体

在 Revit 墙工具中，除前面使用的"墙：建筑""墙：结构"工具外，还提供了"面墙""墙：饰条"和"墙：分隔条"几种构件类型。

教学视频：创建异形墙体

（1）"面墙"用于将概念体量模型表面转换为墙图元。在 Revit 中，使用"墙：建筑"和"墙：结构"工具创建的墙均垂直于标高。要创建斜墙或异形墙图元，可以使用 Revit 的体量功能创建体量曲面或体量模型，再利用"面墙"功能将体量表面转换为墙图元。载入一个"矩形 - 融合"的体量，如图 5-37 所示。对异形墙体使用"面墙"工具通过拾取体量一个曲面生成，如图 5-38 所示。

（2）"墙：饰条"和"墙：分隔条"是依附于墙主体的带状模型，用于沿墙水平方向或垂直方向创建带状墙装饰结构。"墙：饰条"和"墙：分隔条"实际上是预定义的轮廓沿墙水平或垂直方向放样生成的线性模型。"墙：饰条"和"墙：分隔条"可以很方便地创建如女儿墙压顶、室外散水、墙装饰线等。

打开一个三维视图或立面视图，其中包含要向其中添加墙饰条的墙。在"建筑"选项卡的"构建"面板中单击"墙"下拉列表，选择 ▤（墙：饰条）。在"类型选择器"中选择所需的墙饰条类型，选择"檐口"。单击"修改 | 放置墙饰条"选项卡中的"放置"面板，并选择墙饰条的方向："水平"或"垂直"。将光标放在墙上以高亮显示墙饰条位置，单击放置墙饰条。要在不同的位置放置墙饰条，需要单击"修改 | 放置墙饰条"选项卡"放置"面板的 ▤ 重新放置墙饰条。将光标移到墙上所需的位置，单击放置墙饰条。单击"完成"按钮完成墙饰条的放置。墙分隔条创建方法类似。如图 5-39 所示，在墙上创建墙饰条和墙分隔条。

图 5-37　载入体量

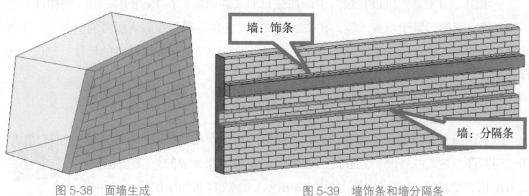

图 5-38　面墙生成　　　　　图 5-39　墙饰条和墙分隔条

> **提示**
>
> 　　可以在属性面板下的"类型属性"对话框中，选择所需的轮廓类型作为墙饰条或墙分隔条"轮廓"，也可以自定义轮廓。

── 习题 ──

1. 墙部件定义中"层"用于表示墙体的构造层次，常见墙构件可以设置哪些层？
2. 墙连接的方式有哪几种？如何设置墙连接方式？
3. 简要说明墙体轮廓编辑的方法。

第 6 章 创建门、窗、幕墙

第 5 章介绍了使用 Revit 的墙工具为实训楼项目建立了内外墙体构件的方法。本章将介绍项目中门、窗和幕墙的创建和编辑方法，门和窗是基于主体的构件，必须放置于墙等主体图元上。在开始本章练习之前，请确保已经完成第 5 章中实训楼项目的所有墙模型。

第 6 章配套
模型下载

6.1 创建门

使用门、窗工具，可以在项目中添加任意形式的门窗。在 Revit 中，门、窗构件与墙不同，门、窗图元属于可载入族，在添加门窗前，必须在项目中载入所需的门窗族，才能在项目中使用。建立门窗幕墙模型前，先根据实训楼建施图查阅墙构件的尺寸、定位、属性等信息，保证门窗和幕墙模型布置的正确性。

6.1.1 创建门类型

（1）切换至基顶楼层平面视图。在"建筑"选项卡的"构建"面板中单击"门"，进入"修改 | 放置 门"选项卡，注意属性面板的类型选择器中仅有默认"单扇 - 与墙齐"族，如图 6-1 所示。要放置其他门图元，必须先向项目中载入合适的门族。以 B 轴线上 1 号轴线和 2 号轴线之间的这扇门为例，单击"编辑类型"中的"载入"按钮，进入"平开门"中的"双扇"，选择"双面嵌板玻璃门"。

教学视频：
创建门类型

（2）单击"属性"中的"编辑类型"按钮，在"类型属性"的类型中选择"1800×2100"，单击"复制"按钮，命名为"M1821"，参数按照图 6-2 进行设置。

（3）按上述方法创建其他的门类型，如族"双面嵌板玻璃门"的"M1519"类型，族"双面嵌板木门 1"的"FM1519 乙""FM1521 乙""FM1821 乙"类型，族"单嵌板木门 2"的"M0921""M1021""M1221"类型，族"双面嵌板连窗玻璃门 3"中"门连窗 1"的"MC3321"类型，族"门洞"中"门连窗 1"的"1500×2400"类型，如图 6-3 所示。

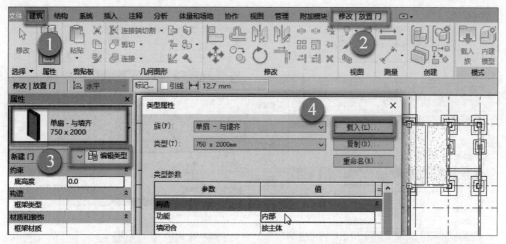

图 6-1　门类型载入

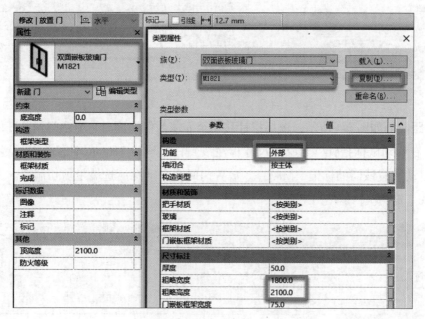

图 6-2　门类型参数设置

6.1.2　布置门

门类型设置完成后，可以进行门的布置。门可以在平面、剖面、立面或三维视图中布置。

（1）切换至基顶楼层平面视图。适当缩放视图至 1~2 号轴线间 B 轴线外墙位置，将在 1~2 号轴线间放置"M1821"门图元。单击"建筑"选项卡中的"构建"面板 🔲，进入"修改 | 放置门"选项卡。确认激活"标记"面板中的"在放置时进行标记"按钮 🔟。在视图中移动鼠标指针，当指针处于视图中的空白位置时，鼠标指针显示为 ⊘，表示不允许在该位置放置门图元。移动鼠标指针至 B 轴线 1~2 号轴线间外墙，将沿墙方向显示门预览，并在门两侧与 1~2 号轴线间显示临时尺寸标注，指示门边

教学视频：
布置门

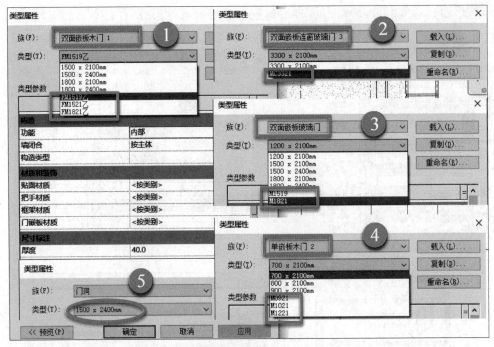

图 6-3　门类型设置

与轴线的距离。如图 6-4 所示，鼠标指针移动至靠墙内侧墙面时，显示门预览开门方向为内侧，左右移动鼠标指针，当临时尺寸标注线到柱边均为 710mm 时，单击放置门图元，Revit 会自动放置该门的标记"M833"。放置门时会自动在所选墙上剪切洞口。放置完成后按【Esc】键两次，退出门工具。

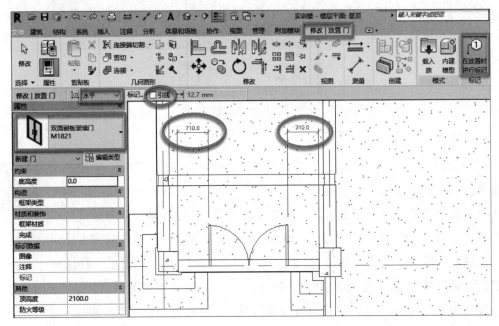

图 6-4　布置外墙门

（2）门"M1821"布置完成以后，要对其进行修改，以满足图纸要求。首先对约束的标高和门的方向进行修改。选择刚刚创建的门，在"属性"面板的约束"标高"中选择"F1"，按【空格】键或单击图 6-5 所示的"翻转面"按钮 ⇕，翻转门安装方向。接下来对标记进行修改，单击"M833"将其改成"M1821"，会出现图 6-6 所示的提示，单击"是"按钮。或在"类型属性"中修改"类型标记"为"M1821"，如图 6-7 所示。单击"M1821"标记，按图 6-8 所示的方法，可以设置标记的引线参数。

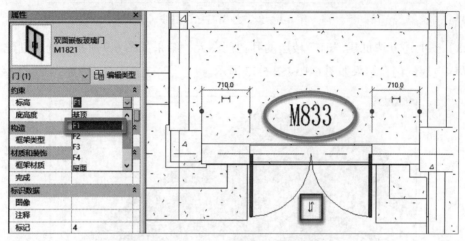

图 6-5　修改外墙门标高和方向

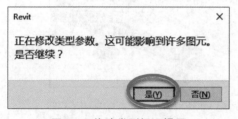

图 6-6　修改类型标记提示

> **提示**
>
> 　　两种修改类型标记的方法效果一样，都会修改类型的参数。

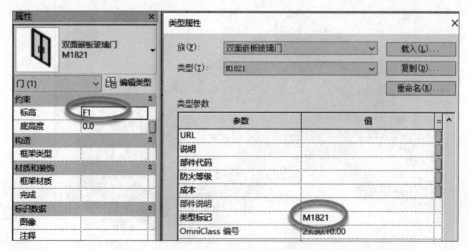

图 6-7　修改外墙门类型标记

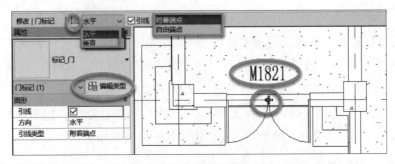

图 6-8　修改外墙门标记引线

（3）按上述方法创建 "F1" 楼层的其他门图元，结果如图 6-9 所示。继续创建 "F2"
"F3""F4" 层的门，结果如图 6-10~ 图 6-13 所示。

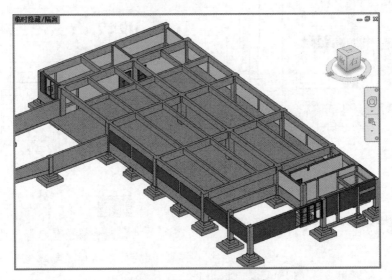

图 6-9　"F1" 层门布置完成

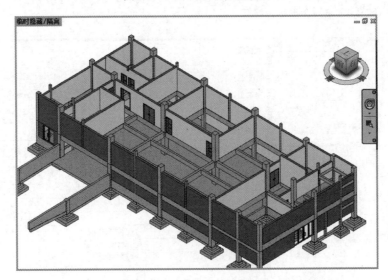

图 6-10　"F2" 层门布置完成

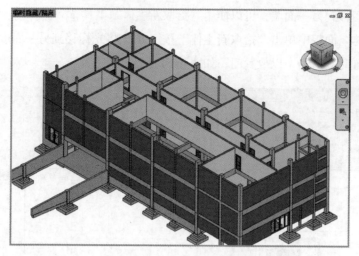

图 6-11 "F3" 层门布置完成

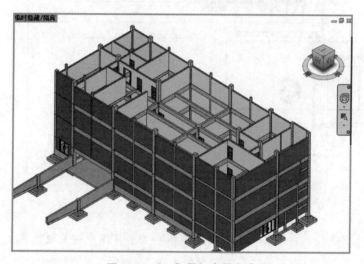

图 6-12 "F4" 层门布置完成

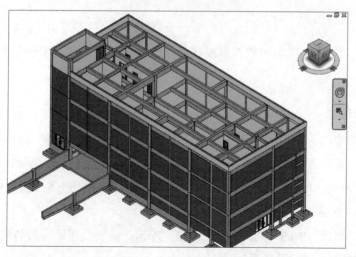

图 6-13 门布置完成

如果要将门移到另一面墙，可以使用"拾取新主体"工具 。选择门，在"修改|门"选项卡的"主体"面板中单击"拾取新主体"按钮 ，将光标移到另一面墙上，当预览图像位于所需位置时，单击，以放置门，如图 6-14 所示。

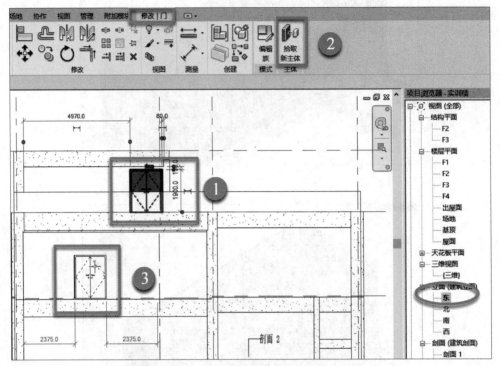

图 6-14　门拾取新主体

▌小技巧

变更基于标高的构件主体时，在剖面视图或立面视图中的隐藏线模式下更有效。

6.2　创建窗

使用"窗"工具 在墙中放置窗或在屋顶上放置天窗。其类型创建和布置方法与门类似。

6.2.1　创建窗类型

（1）切换至"F1"楼层平面视图。在"建筑"选项卡的"构建"面板中单击"窗"，进入"修改|放置 窗"选项卡。以 E 轴线上 1 号轴线和 2 号轴线之间的窗为例，单击"编辑类型"中的"载入"按钮，进入"窗"的"样板"，选择"单层三列"，如图 6-15 所示。

教学视频：
创建窗类型

（2）单击"属性"中的"编辑类型"按钮，单击"复制"按钮，命名为"GLC3209a"，参数按照图 6-16 所示进行设置。

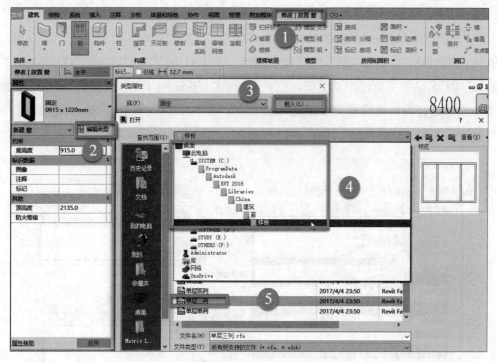

图 6-15　窗类型载入

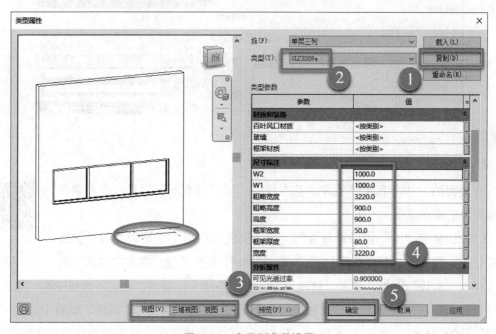

图 6-16　窗类型参数设置

▌说明

单击"预览"按钮可以在左边显示某一视图下的预览效果，对应的临时尺寸标注以蓝色显示。

（3）按上述方法创建其他的窗类型，如族"单层双列"的"GLC1509"类型，族"单层三列"的"GLC2709a""GLC3109a""GLC3409a""GLC3809a"类型，族"组合窗 - 双层单列（四扇推拉）- 上部双扇"的"TLC2720a""TLC3120a""TLC3220a""TLC3420a""TLC3820a"类型，族"组合窗 - 双层三列（平开＋固定＋平开）- 上部三扇固定"的"C2720a"类型，族"组合窗 - 双层单列（固定＋推拉）"的"C1520"类型，族"单层双列"的"GLC1509""TLC1518"类型，如图 6-17 所示。

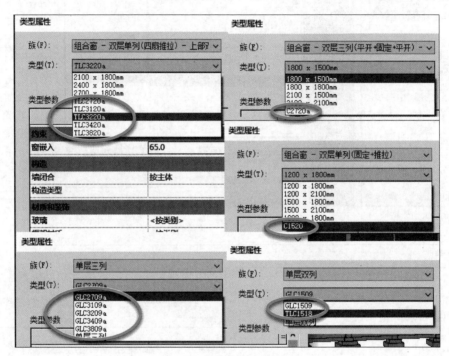

图 6-17　窗类型设置

6.2.2　布置窗

布置窗的方法与布置门的方法基本相同。与门稍有不同的是，在布置窗时需要考虑窗台高度。

教学视频：布置窗

（1）切换至"F1"楼层平面视图。适当缩放视图至 1~2 号轴线间 E 轴线外墙位置，将在 1~2 号轴线间放置"GLC3209a"窗图元 ▦。单击"建筑"选项卡中的"构建"面板，进入"修改|放置 窗"选项卡，激活"标记"面板中的"在放置时进行标记"按钮 ▣。标记样式选择"水平"，不勾选"引线"。"属性"面板中约束"底高度"设为"500"，如图 6-18 所示。鼠标指针移动到墙面时，显示两个临时尺寸标注线，接近正确位置时，单击放置窗图元，Revit 会自动放置该窗的标记"GLC3209a"。放置窗时会自动在所选墙上剪切洞口。放置完成后按【Esc】键两次，退出窗工具。

（2）如果放置位置不是很准确，可以修改尺寸参数，也可以使用"对齐"工具 ▦ 或"移动"工具 ✥，将窗调整到需要的位置，如图 6-19 所示。

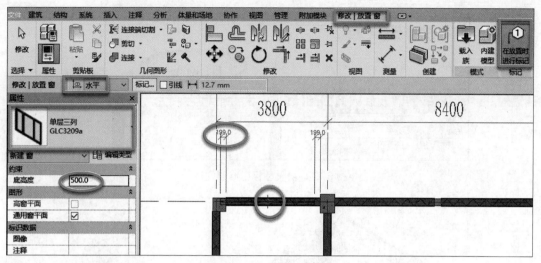

图 6-18 窗布置

（3）接下来对标记进行修改，单击"C1517"将其改成"GLC3209a"，会出现图 6-6的提示，单击"是"按钮。或在"类型属性"中修改"标记类型"为"GLC3209a"，如图 6-20 所示。窗类型标记修改完成后如图 6-21 所示，单击移动符号 ✛，将标记移动到需要的位置。

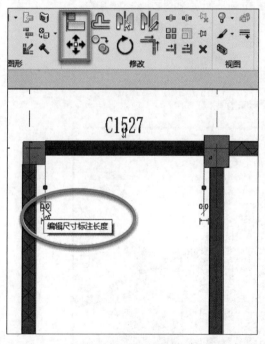

图 6-19 移动窗位置

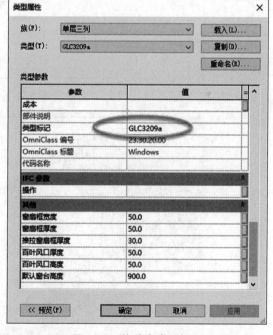

图 6-20 修改窗类型标记

（4）按上述方法创建"F1"楼层的其他窗图元，结果如图 6-22 所示。继续创建"F2"楼层的窗图元，结果如图 6-23 所示。

图 6-21　窗类型标记修改完成

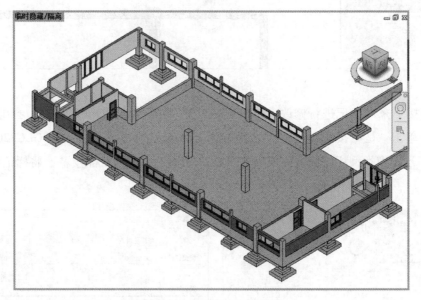

图 6-22　"F1"窗布置完成

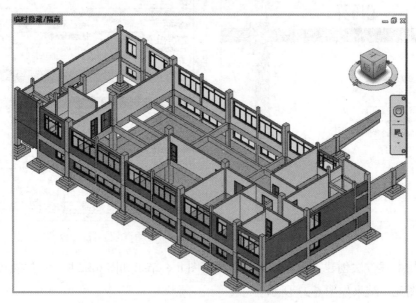

图 6-23　"F2"窗布置完成

（5）"F3"和"F4"楼层平面的窗与"F2"完全一致，可以用"复制""粘贴"工具完成。在立面图中选中"F2"层所有的窗，使用过滤工具把其他图元取消选择（图 6-24）。单击"剪贴板"面板中的"复制到剪贴板"工具 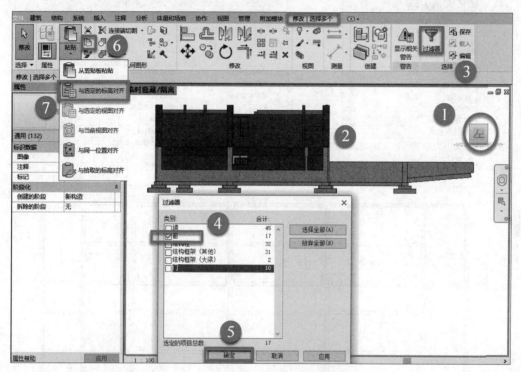，然后单击"粘贴"按钮 下的"与选定的标高对齐"工具 ，弹出"选择标高"窗口，选择"F3"，如图 6-25 所示，单击"确定"按钮，关闭窗口。F3 楼层平面的窗复制完成。

图 6-24　"F2"窗复制

（6）由于窗标记没有能够复制到"F3"，单击进入"F3"楼层平面，选择"注释"选项卡，在"标记"面板中选择"全部标记"，按图 6-26 所示进行设置，则"F3"楼层的窗图元全部标记，再根据需要调整位置即可，标记调整完成后如图 6-27 所示。

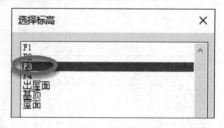

图 6-25　选择标高

（7）在"F2"楼层平面图中选中所有的窗和窗标记图元，使用过滤工具把其他图元取消选择，单击"剪贴板"面板中的"复制到剪贴板"工具 ，然后单击"粘贴"按钮 下拉列表，注意"与选定的标高对齐"选项 变为灰色不可选状态。在列表选项中选择"与选定的视图对齐"选项，弹出"选择视图"对话框，如图 6-28 所示，在列表中选择"楼层平面：F4"视图，将所选择图元（包括标记）对齐粘贴至"F4"视图。所有的窗完成后的三维图见图 6-29。

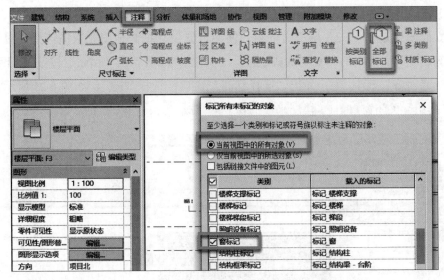

图 6-26 标记 "F3" 窗

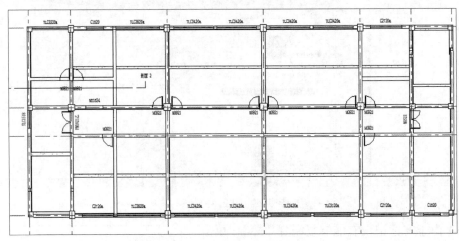

图 6-27 "F3" 窗标记完成

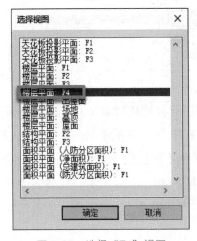

图 6-28 选择 "F4" 视图

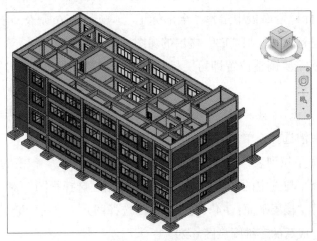

图 6-29 窗完成

由于窗标记属于注释图元，因此当选择集中包含窗标记等注释图元时，仅可以对齐粘贴至指定视图中，而不能与选定的标高对齐。

6.3　创建幕墙

幕墙是一种特殊墙，附着到建筑结构，而且不承担建筑的楼板或屋顶荷载。

Revit 中幕墙由"幕墙竖梃""幕墙网格"和"幕墙嵌板"三部分构成，如图 6-30 所示。幕墙竖梃即幕墙龙骨，是沿幕墙网格生成的结构性构件。当删除幕墙网格时，依赖于该网格的竖梃也将同时删除。幕墙嵌板是构成幕墙的基本单元，幕墙由

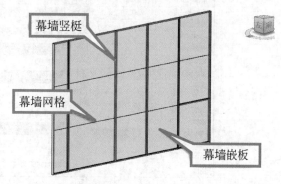

图 6-30　幕墙组成

一块或多块幕墙嵌板组成。幕墙嵌板的大小、数量由划分幕墙的幕墙网格决定。在 Revit 中，可以手动或通过参数指定幕墙网格的划分方式和数量。幕墙嵌板可以替换为任意形式的基本墙或叠层墙类型，也可以替换为自定义的幕墙嵌板族。

接下来以实训楼项目为例讲解如何创建幕墙。建立幕墙模型前，先根据实训楼建施图查阅幕墙的尺寸、定位、属性等信息，保证幕墙模型布置的正确性。

6.3.1　定义幕墙属性

在一般应用中，幕墙常常定义为薄的、通常带铝框的墙，包含填充的玻璃、金属嵌板或薄石。

切换至"F1"楼层平面视图。使用墙工具，在"属性"面板的"类型选择器"中选择墙类型为"幕墙：幕墙"，如图 6-31 所示。单击"类型属性"按钮 打开"类型属性"对话框，复制重命名类型为"幕墙_铝合金_明框_1200×1000"，参数按图 6-32 所示设置。单击"确定"按钮退出"类型属性"对话框。

教学视频：创建幕墙类型

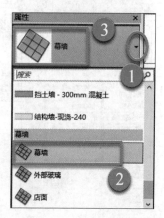

勾选"自动嵌入"，可以将幕墙嵌入其他墙中，否则需要用"剪切几何图形"工具 调整幕墙和原来墙的连接关系。

图 6-31　幕墙类型选择

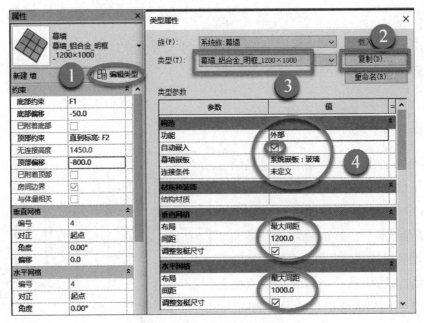

图 6-32　幕墙类型参数设置

6.3.2　绘制幕墙

（1）缩放至 6 号轴线、7 号轴线之间的 E 轴线部分墙体，确认绘制方式为"直线"。设置选项栏中的"高度"为屋面，不要勾选"链"，设置"偏移量"为 0，注意对于幕墙不允许设置"定位线"。底部约束和顶部约束设置见图 6-33，鼠标放置在 6 号轴线和 7 号轴线之间的墙上，当临时尺寸标注如图 6-33 所示时，单击绘制幕墙，向右移动 900 后，单击完成幕墙的绘制。完成后的三维图如图 6-34 所示。

教学视视：
绘制幕墙

图 6-33　绘制幕墙

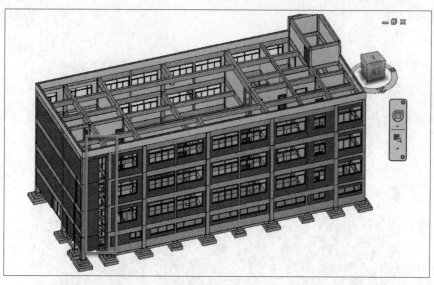

图 6-34　幕墙三维图

（2）在上述幕墙旁边绘制另一个幕墙，按图 6-32 所示的设置，但不勾选"自动嵌入"，绘制完成后会弹出图 6-35 所示的提示，可以使用"剪切几何图形"工具进行修改，如图 6-36 所示。先单击外墙体，把鼠标指针移至幕墙，会出现图 6-37 所示的图标，再单击幕墙，完成"F1"楼层的幕墙剪切。完成后的三维图如图 6-38 所示，可以看出只有一层的剪切完成了。按同样的方法完成其他楼层的剪切，完成后如图 6-39 所示。

（3）绘制 1~2 号轴线间 B 轴线上的两个幕墙，完成后如图 6-40 所示。

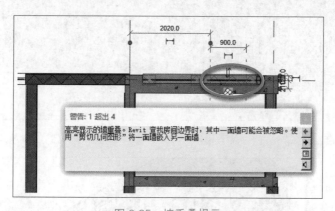

图 6-35　墙重叠提示

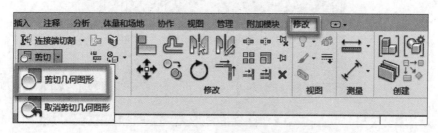

图 6-36　剪切几何图形

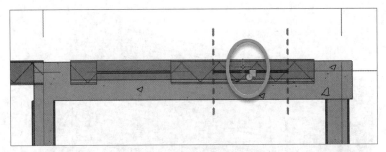

图 6-37　剪切外墙

图 6-38　"F1"外墙剪切完成

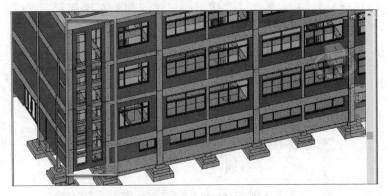

图 6-39　E 轴线幕墙绘制完成

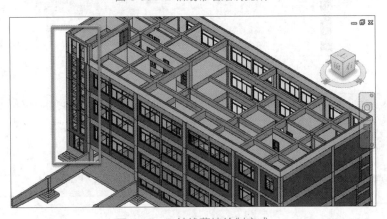

图 6-40　B 轴线幕墙绘制完成

6.3.3 创建网格与竖梃

（1）切换至北立面视图，该视图中已经正确显示了当前项目模型的立面投影。在视图底部视图控制栏中修改视图显示状态为"着色" ，如图 6-41 所示，Revit 将按模型图元材质中设置的颜色着色模型，所有玻璃（包括幕墙玻璃）均显示为蓝色。如图 6-42 所示，由于标高处于立面中间，将其拖到左边并锁定。解锁轴网，移动轴网的编号再锁定。

教学视频：网格与竖梃

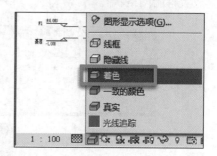

图 6-41 着色

（2）选择 6~7 号轴线间近 7 号轴线处的幕墙图元，单击视图控制栏中的"临时隐藏 / 隔离"按钮 🕶，在弹出的菜单中选择"隔离图元"命令，如图 6-43 所示，视图中将仅显示所选择的幕墙。

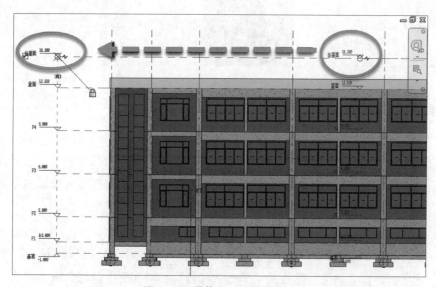

图 6-42 调整南立面轴网位置

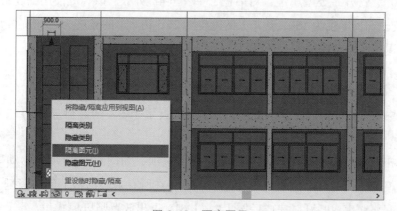

图 6-43 隔离图元

（3）单击"建筑"选项卡中的"构建"面板，选择"幕墙网格"工具 ▦，自动切换至"修改|幕墙网格"选项卡，鼠标指针变为 🖱。单击"放置"面板中的"全部分段"按钮 ╫，如图 6-44 所示，移动鼠标指针至幕墙水平方向边界位置，将以虚线显示垂直于光标处幕墙网格的幕墙网格预览，单击中间位置放置幕墙网格，完成后按【Esc】键两次，退出放置幕墙网格状态。

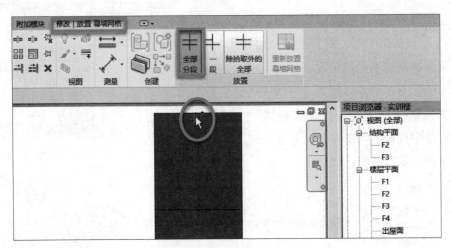

图 6-44　放置幕墙网格

> **说明**
>
> 可以使用"幕墙网格"面板中的"添加/删除线段"工具 ╪ 对网格线进行编辑。首先选择单个幕墙网格，然后单击工具 ╪，再单击需要修改的位置即可。该功能仅对所选择网格有效。"添加/删除线段"操作并未删除实际的幕墙网格对象，而是将网格段隐藏。Revit 中的幕墙网格将始终贯穿整个幕墙对象。

（4）在"建筑"选项卡的"构建"面板中单击"竖梃"工具，自动切换至"修改|放置竖梃"选项卡。在"属性"面板的"类型选择器"类型列表中选择竖梃类型为"矩形竖梃：50×150"，打开"类型属性"对话框，如图 6-45 所示，该竖梃使用的轮廓为"默认"（矩形）系统轮廓，厚度为150，边1上的宽度为25，边2上的宽度为25。完成后单击"确定"按钮，退出"类型属性"对话框。

> **提示**
>
> 载入轮廓后，在轮廓列表中选择"轮廓"可以修改竖梃的截面形状。

（5）单击"放置"面板中的"全部网格线"选项，如图 6-45 所示。移动鼠标指针至幕墙任意网格处，所有幕墙网格线均亮显，表示将在所有幕墙网格上创建竖梃。单击任意网格线，沿网格线生成竖梃。完成后按【Esc】键，退出放置竖梃模式。

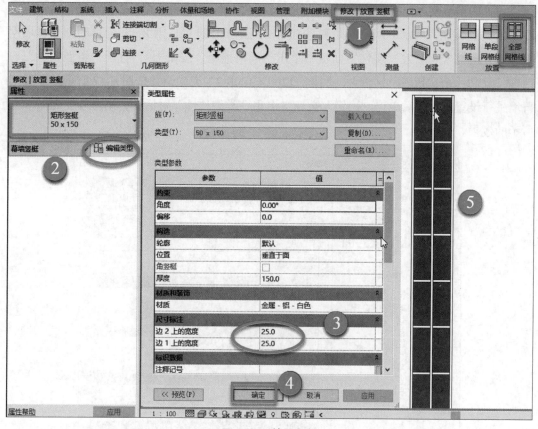

图 6-45　放置竖梃

（6）按上述方法创建 E 轴线近 6 号轴线的幕墙的网格和竖梃。完成后如图 6-46 所示。

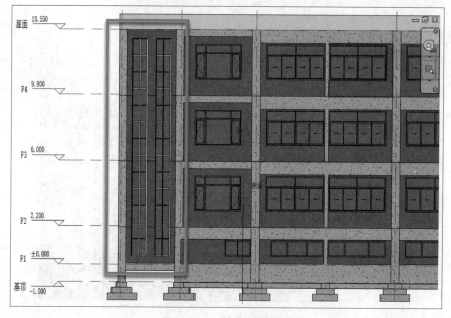

图 6-46　E 轴线竖梃完成

（7）切换至南立面视图，绘制 B 轴线上 1~2 号轴线之间的幕墙网格和竖梃。通过修改幕墙的类型属性，对水平网格间距和垂直网格间距参数设置，则 Revit 会自动划分幕墙网格和布置幕墙竖梃。在"属性"面板中单击"编辑类型"按钮 ，打开"类型属性"对话框，复制一个"幕墙_铝合金_明框_1200×1000 2"类型，并按图 6-47 所示的参数对幕墙进行设置。完成后单击"确定"按钮，退出"类型属性"对话框，则幕墙变为图 6-48 所示的效果。

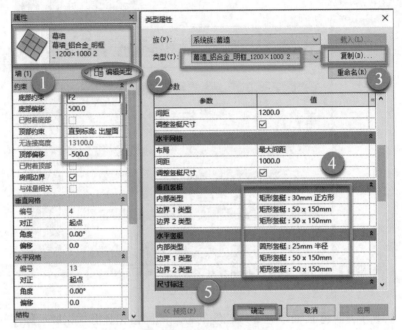

图 6-47 修改幕墙属性

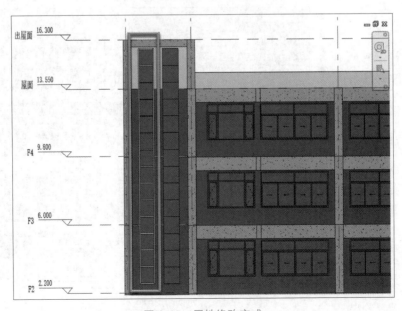

图 6-48 属性修改完成

（8）单击 B 轴线上近 2 号轴线的幕墙，选择刚刚复制的"幕墙_铝合金_明框_1200×1000 2"类型，如图 6-49 所示，完成对幕墙网格和竖梃的修改。

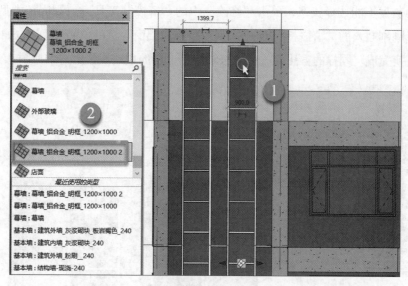

图 6-49　选择幕墙类型

6.3.4　创建幕墙嵌板

添加幕墙网格后，Revit 根据幕墙网格线段的形状将幕墙划分为数个独立的幕墙嵌板，可以自由指定和替换每个幕墙嵌板。嵌板可以替换为系统嵌板族、外部嵌板族或任意基本墙及叠层墙族类型。其中 Revit 提供的"系统嵌板族"包括玻璃、实体和空三种。接下来通过替换幕墙嵌板设置 B 轴线上幕墙最上部的嵌板。

教学视频：
幕墙嵌板

（1）切换至南立面视图。在"插入"选项卡的"从库中载入"面板中单击"载入族"按钮，浏览至族库"建筑\幕墙\门窗嵌板\窗嵌板_70-90 系列双扇推拉铝窗.rfa"族文件，将其载入项目中，如图 6-50 所示。

图 6-50　插入嵌板族

（2）移动鼠标指针至顶部幕墙网格处，按【Tab】键，直到幕墙网格嵌板高亮显示时单击选择该嵌板。自动切换至"修改|幕墙嵌板"选项卡，如图 6-51 所示。属性面板中的嵌板类型为灰显不能选择状态，单击"修改"中的"解锁"工具 🔓，则嵌板类型变成可以选择。选择刚刚载入的"窗嵌板 _70-90 系列双扇推拉铝窗"里的"90 系列"，如图 6-52 所示，嵌板更换完成。同样的方法修改近 2 号轴线最上层的幕墙嵌板，结果如图 6-53 所示。

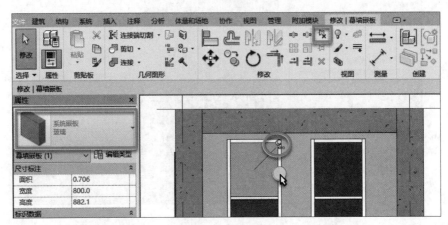

图 6-51　选择嵌板

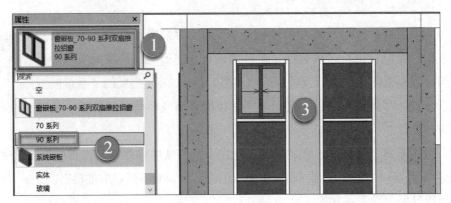

图 6-52　更换嵌板

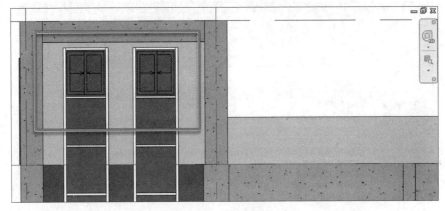

图 6-53　B 轴线嵌板完成

┃说明

　　不论使用幕墙载入的嵌板族还是使用基本墙或层叠墙族替换幕墙嵌板，Revit 均会根据所选择的嵌板尺寸自动调整嵌板的大小。除系统嵌板族和基本墙、叠层墙外，当使用载入的墙嵌板族时，嵌板的网格形状必须为矩形，否则 Revit 将无法生成嵌板。

—— 习题 ——

1. 门布置完成以后，如果发现方向不正确，应如何修改？

2. 所有选择的窗和窗标记图元如何同时复制到一个楼层平面？

3. 想要在视图中仅显示所选择的幕墙，应如何操作？

第 7 章　创建楼梯、栏杆扶手

第 6 章介绍了创建门窗和幕墙的方法及步骤，讲述了如何定义幕墙属性和绘制幕墙，修改幕墙网格与竖梃及嵌板。本章将介绍项目中创建楼梯和栏杆扶手的方法和步骤。

第 7 章配套
模型下载

7.1　创建楼梯

可以使用楼梯工具在项目中添加各种样式的楼梯。在 Revit 中，楼梯由楼梯和栏杆扶手两部分构成。在绘制楼梯时，可以沿楼梯自动放置指定类型的栏杆扶手。与其他构件类似，在使用楼梯前应定义好楼梯类型属性中各种楼梯参数。

> **注意**
>
> 　　在 Revit 2018 中，楼梯的绘制不再是以前版本中的"楼梯（按构件）"和"楼梯（按草图）"两个工具，而是统一为一个楼梯工具 🔧。

下面继续为实训楼项目添加楼梯。实训楼由 7 号轴线左侧的 1# 楼梯与 1 号轴线右侧的 2# 楼梯两部分组成。首先添加 7 号轴线左侧的 1# 楼梯。

7.1.1　绘制楼梯

（1）切换至基顶楼层平面视图，适当缩放视图至 7 号轴线左侧 D 轴线和 E 轴线之间的楼梯间。单击"插入"选项卡下的"链接 CAD" 🔗，找到"AR01.dwg"文件，设置链接 CAD 的一些参数，如图 7-1 所示。单击"打开"按钮即可把 CAD 链接到 Revit 中。将链接进来的图纸的轴网与模型的轴网对齐。

教学视频：
创建楼梯

（2）在"建筑"选项卡的"楼梯坡道"面板中单击"楼梯"按钮 🔧，选择楼梯类型为"现场浇筑楼梯：整体浇筑楼梯"，在"属性"面板中单击"编辑类型"按钮 📋，单击"复制"按钮，命名为"1# 楼梯"，并设置类型参数，如图 7-2 所示。"实际梯段宽度"设为 1600，勾选"自动平台"，"约束"和"尺寸标注"参数设置如图 7-2 所示。

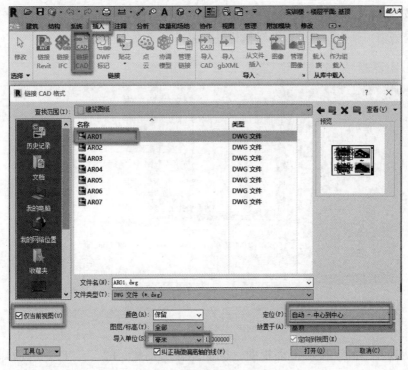

图 7-1　链接楼梯 CAD 图

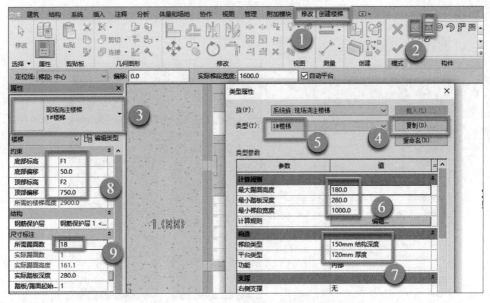

图 7-2　1# 楼梯参数设置

提示

　　由于楼梯的底部标高与顶部标高涉及楼梯踏步数量，因此在绘制楼梯前应设置属性面板中正确的底部标高与顶部标高。

（3）按图 7-2 所示，选择"梯段" ⊙ 里的"直梯" ▥，按图 7-3 所示的顺序布置梯段，完成后有警告窗口弹出，后期需要对扶栏进行编辑以解决此问题。

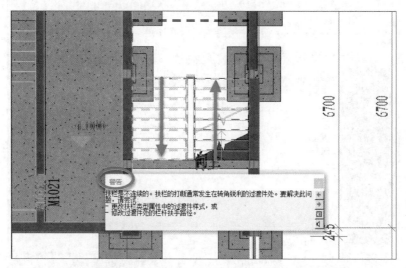

图 7-3　1# 楼梯"F1"层

（4）切换至"F3"楼层平面视图，按上述方法创建"F2"~"F3"的楼梯梯段，参数设置和创建顺序如图 7-4 所示。切换至"F4"楼层平面视图，按上述方法创建"F3"~"F4"的楼梯梯段，参数设置和创建顺序如图 7-5 所示。至此，1# 楼梯创建完成。

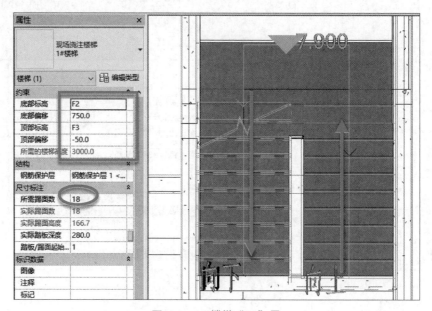

图 7-4　1# 楼梯"F3"层

（5）切换至基顶楼层平面视图，创建 1 号轴线右侧 B 轴线和 C 轴线之间的 2# 楼梯。基顶~"F1"层楼梯参数设置如图 7-6 所示，"F1"~"F2"层楼梯参数设置如图 7-7 所示，其他楼层的楼梯设置如图 7-8 所示。

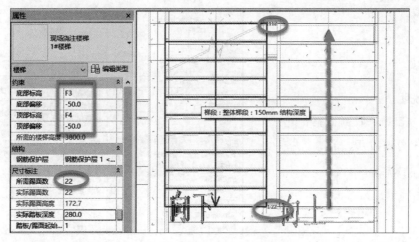

图 7-5　"F4" 层 1# 楼梯设置

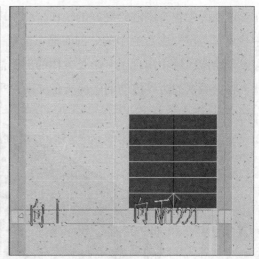

图 7-6　基顶 ~ "F1" 层 2# 楼梯设置

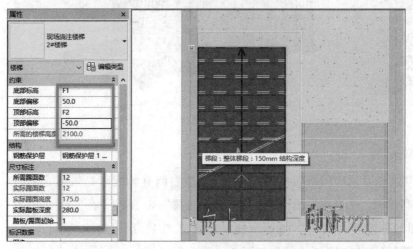

图 7-7　"F1" ~ "F2" 层 2# 楼梯设置

图 7-8　其他楼层 2# 楼梯设置

说明

　　若想隐藏剖面框，取消勾选即可。

（6）在三维视图中查看刚刚绘制好的楼梯，会发现楼梯藏在了房间里面，可以在"属性"面板中找到"范围"参数栏中的"剖面框"选项，如图 7-9 所示，将其后面的方框勾选，此时会发现绘图区域中出现了一个长方体的剖面框，选中剖面框可以任意拖动剖面框边界的位置，将剖面框的边界拖动到楼梯所在位置，即可在三维视图看到室内的楼梯。

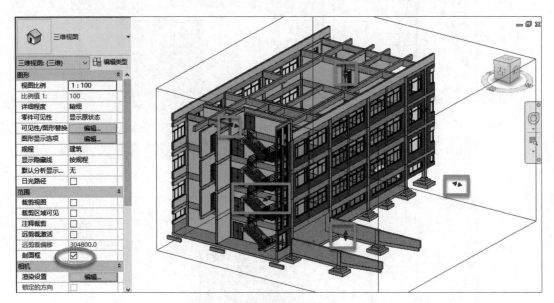

图 7-9　三维剖面框

7.1.2　编辑楼梯

（1）切换至基顶楼层平面视图，对 1 号轴线右侧 B 轴线和 C 轴线之间的 2# 楼梯进行编辑。选择第一段楼梯，在"编辑楼梯" 🎨 的"平台" ▱ 中单击"创建草图"按钮 ✎。按图 7-10 所示的方式绘制"F1"层上的楼梯平台，完成后删除平台上的栏杆扶手，结果如图 7-11 所示。

教学视频：
编辑楼梯

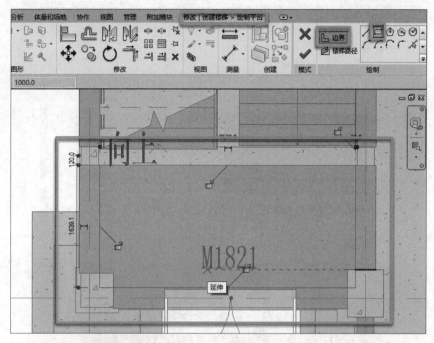

图 7-10 绘制楼梯平台

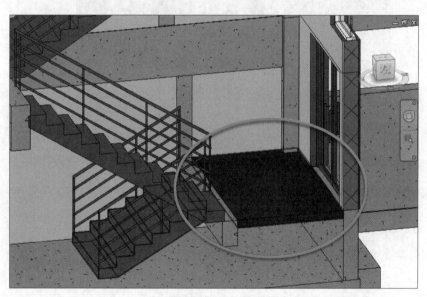

图 7-11 "F1"楼梯平台

（2）切换至"F2"楼层平面视图，选择一侧的楼梯，单击"编辑楼梯"按钮 ，选择楼梯平台，拖动下部的三角 ，使其与墙对齐，如图 7-12 所示。2# 楼梯其他楼层的楼梯平台也按照此方法修改。1# 楼梯的楼梯平台也按此法完成，如图 7-13 所示。

（3）使用"多层楼梯"工具可同时为多个标准层创建楼梯。从立面视图中选择楼梯，使用"多层楼梯"面板的"多层：选择标高"工具 ，确保功能区的"连接标高"工具 处于选中状态，选择延伸到楼梯的标高，如图 7-14 所示。单击 按钮完成。

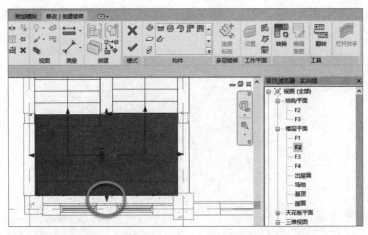

图 7-12 "F2" 楼梯平台

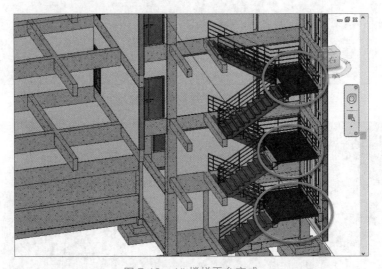

图 7-13 1# 楼梯平台完成

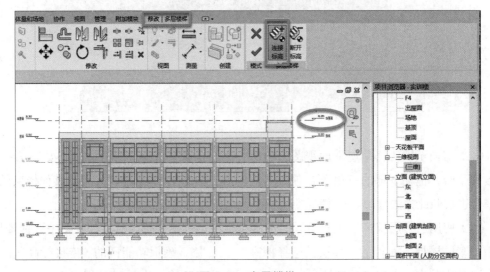

图 7-14 多层楼梯

7.2 创建栏杆扶手

使用"栏杆扶手"工具，可以为项目创建任意形式的扶手。扶手可以使用"栏杆扶手"工具单独绘制，也可以在绘制楼梯、坡道等主体构件时自动创建扶手，1# 和 2# 楼梯均自动创建了扶手。

7.2.1 绘制栏杆扶手

（1）进入基顶平面视图。在"建筑"选项卡→"楼梯坡道"面板→"栏杆扶手"按钮下拉菜单中选择"绘制路径" 命令，自动切换至"修改|创建栏杆扶手路径"选项卡。在"属性"面板中选择栏杆类型为"900mm"，单击"编辑类型"按钮进入"类型属性"编辑器界面，通过"复制"按钮创建新的栏杆扶手类型"800mm"，参数如图 7-15 所示。

教学视频：绘制栏杆扶手

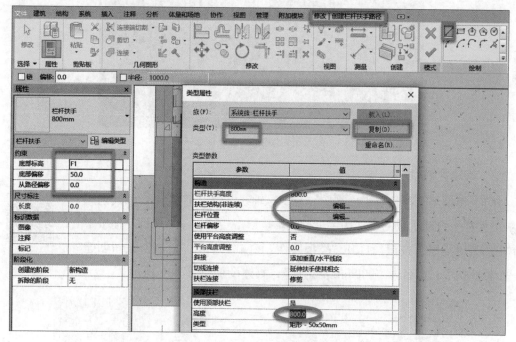

图 7-15 栏杆扶手参数设置

（2）栏杆扶手的实例属性按图 7-16 所示设置，单击"线" ，绘制 2# 楼梯"F1"楼层门口右侧栏杆扶手的起点和终点，如图 7-16 所示，其三维图如图 7-17 所示。单击"翻转"按钮可以转换栏杆扶手的方向。按同样的方法绘制门口左侧的栏杆扶手。

> **提示**
>
> 绘制栏杆扶手时只能绘制一条线，不连接的线无法同时绘制，上面两栏杆需要绘制两次。

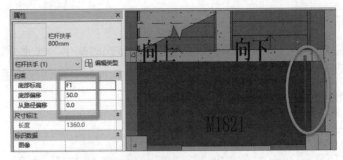

图 7-16　绘制栏杆扶手

图 7-17　栏杆扶手三维图

7.2.2　编辑栏杆扶手

（1）切换至基顶楼层平面视图，对 1 号轴线右侧 B 轴线和 C 轴线之间的 2# 楼梯上自动生成的栏杆扶手进行编辑。单击栏杆，在"属性"面板中单击"编辑类型"按钮，打开"类型属性"窗口，单击"复制"按钮创建一个栏杆扶手，命名为"900mm 不锈钢"，具体设置如图 7-18 所示。

教学视频：编辑栏杆扶手

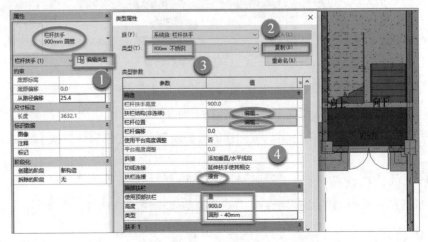

图 7-18　类型属性设置

（2）单击"构造"中"扶栏结构（非连续）"后面的"编辑"按钮，选择扶栏 2，单击"删除"按钮，将扶栏 2 删除，如图 7-19 所示。再删除扶栏 4，修改扶栏 1 的高度为"600"，材质都设为"不锈钢"，如图 7-20 所示。

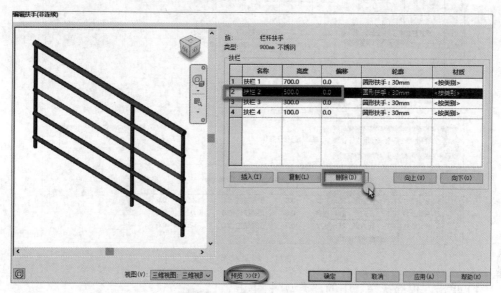

图 7-19　扶栏结构设置

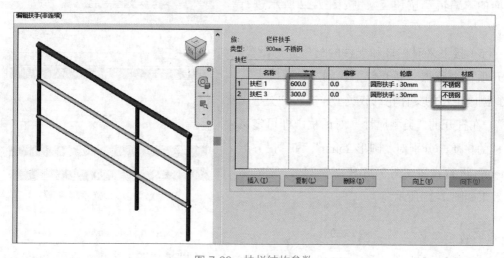

图 7-20　扶栏结构参数

> **提示**
>
> 单击图 7-19 左下角的"预览"按钮，可以预览三维、平面和立面的效果。

（3）单击"构造"中"栏杆位置"后面的"编辑"按钮，按图 7-21 所示进行设置。此时只能设置支柱的样式及偏移位置，并不能定义材质，建模人员需要先记住支柱所使用的轮廓族。

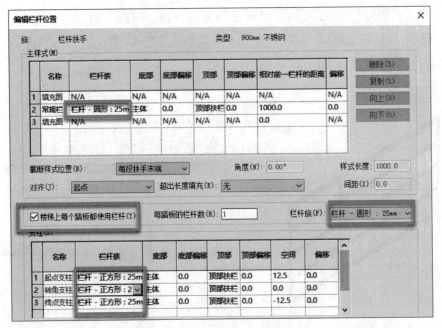

图 7-21　栏杆位置设置

（4）单击"顶部扶栏"中的"类型"，单击后面的"编辑"按钮 ▦，按图 7-22 所示进行设置。

（5）接下来对栏杆和支柱的材质进行设置。打开项目浏览器，展开族，找到"栏杆扶手"，选择刚刚记住的支柱轮廓族类型，右击"类型属性"，在打开的"类型属性"对话框中即可定义支柱的材质，分别对"圆形 25mm"和"正方形 25mm"进行设置（图 7-23 和图 7-24）。完成后的效果如图 7-25 所示。

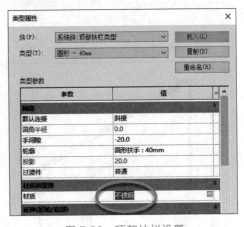

图 7-22　顶部扶栏设置

> **提示**
>
> 　　单击 ⇧ 和 ⇩ 两个箭头，可以切换草图方向。勾选"预览"后可以在三维图看到布置后的效果。

（6）在左视图里框选楼梯的栏杆扶手，使用"过滤器"工具，将不需要的构件取消。将所选的栏杆扶手设置为刚刚设置好的类型"900mm 不锈钢"，见图 7-26。

（7）进入"F2"楼层平面，将鼠标放在栏杆上，按【Tab】键，直到选中楼梯栏杆，单击"编辑路径"按钮 ▤，将靠近墙的扶手删除，移动靠近 B 轴线的扶手的位置，如图 7-27 所示。按此法修改其他平台栏杆，结果如图 7-28 所示。

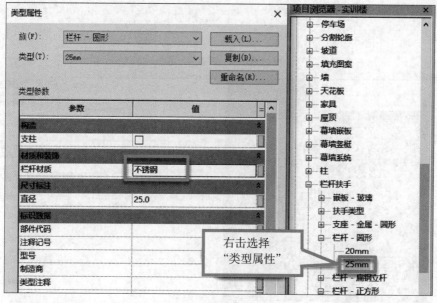

图 7-23 圆形栏杆设置

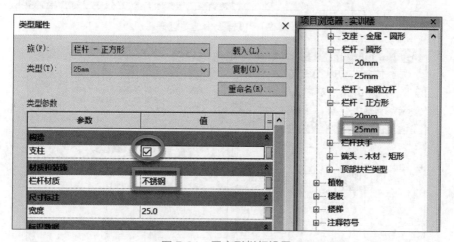

图 7-24 正方形栏杆设置

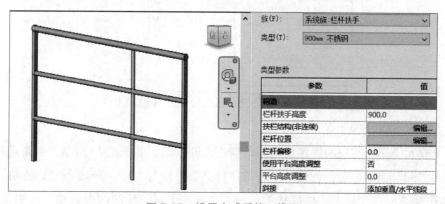

图 7-25 设置完成后的三维图

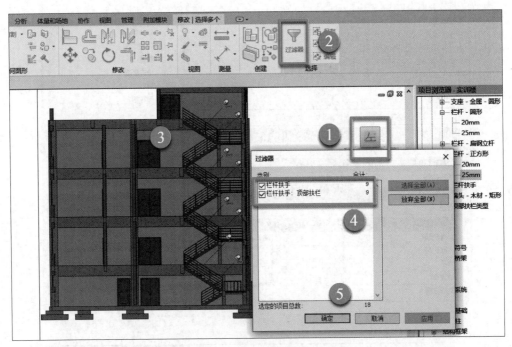

图 7-26　栏杆扶手过滤选择

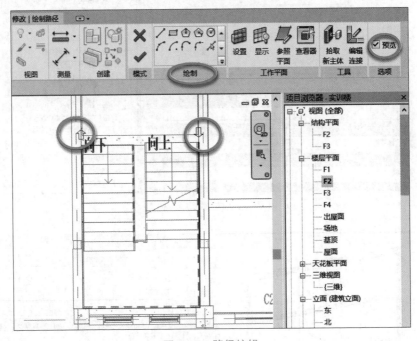

图 7-27　路径编辑

（8）放大楼梯，发现两段楼梯之间的扶手是断开的，如图 7-29 所示，需要进行处理。单击进入"F2"楼层平面，创建一个新的栏杆类型，命名为"900mm 不锈钢转角"，具体设置如图 7-30 所示。单击"栏杆扶手"→"直线"工具，绘制两段直线，选中长的直线按图 7-31 所示进行设置，注意要画上局部放大的那一小段。完成后的效果如图 7-32 所示。

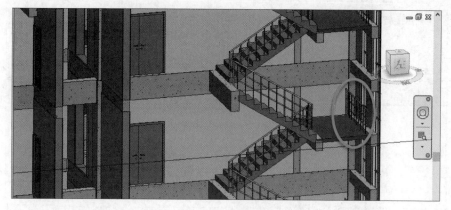

图 7-28　平台扶手

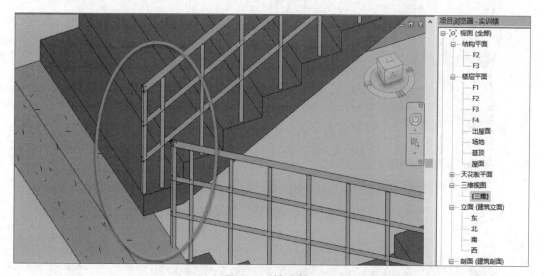

图 7-29　扶手断开

编辑栏杆位置								
族：栏杆扶手			类型：900mm 不锈钢 转角					

主样式(M)

	名称	栏杆族	底部	底部偏移	顶部	顶部偏移	相对前一栏杆的距离	偏移
1	填充图案起	N/A	N/A	N/A	N/A	N/A	N/A	N/A
2	常规栏杆	栏杆 - 圆形：25mm	主体	0.0	顶部扶栏图	0.0	120.0	0.0
3	填充图案终	N/A	N/A	N/A	N/A	N/A	0.0	N/A

截断样式位置(B)：　每段扶手末端　　　角度(N)：0.00°　　　　　样式

图 7-30　转角栏杆设置

（9）单击"剪贴板"面板中的"复制到剪贴板"工具 ，然后单击"粘贴"按钮 下的"与选定的标高对齐"工具 ，弹出"选择标高"窗口，选择"F3""F4"，单击"确定"按钮，关闭窗口。"F1"楼层可以用"复制"工具和"镜像"工具设置，再在属性中进行"偏移"设置。完成后的效果如图 7-33 所示。用同样的方法修改 1# 楼梯的栏杆扶手。

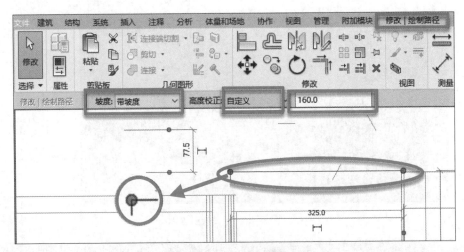

图 7-31　梯段扶手连接设置

图 7-32　转角栏杆完成

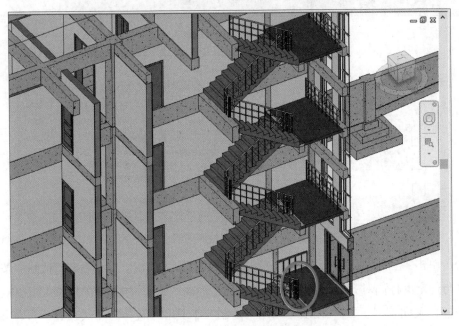

图 7-33　转角扶手修改完成

（10）进入"F4"楼层平面，绘制 1# 楼梯顶部栏杆，结果如图 7-34 所示。进入屋面楼层平面，绘制 2# 楼梯顶部栏杆，结果如图 7-35 所示。

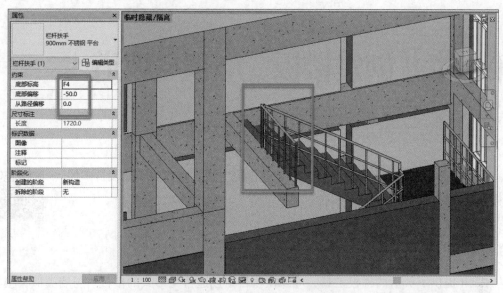

图 7-34　1# 楼梯"F4"层栏杆

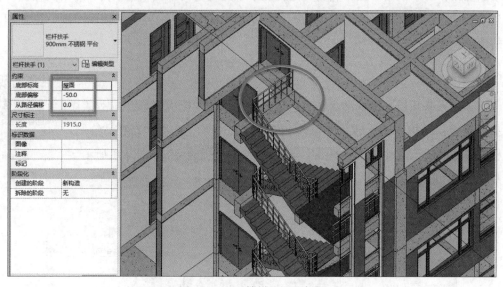

图 7-35　2# 楼梯屋面层栏杆

── 习题 ──

1. 创建楼梯后，在三维视图中如果发现楼梯藏在了房间里面，应如何设置，才能看到楼梯？

2. 创建楼梯平台时自动生成的栏杆如果和其他构件有冲突，应如何修改？

3. 如何对栏杆和支柱的材质进行设置？

第8章 创建楼板、屋顶、坡道

第 7 章介绍了楼梯和栏杆扶手的创建及编辑方法。本章将介绍项目中创建楼板、坡道、屋顶的方法和步骤。

8.1 创建楼板

Revit 提供了灵活的楼板工具，可以在项目中创建常见形式的楼板。与墙类似，楼板属于系统族，可以根据草图轮廓及类型属性中定义的结构生成相应结构和形状的楼板。在创建 BIM 模型项目楼板前，先仔细查看楼板的相关图纸，主要关注楼板厚度、位置和开洞的情况。

8.1.1 绘制楼板

（1）进入基顶层平面视图。在"建筑"选项卡的"楼板"下拉列表中选择"楼板：结构"，进入"修改 | 创建楼层边界"选项卡，在"绘制"面板的"边界线"中选择"直线"工具绘制楼板边界，如图 8-1 所示。

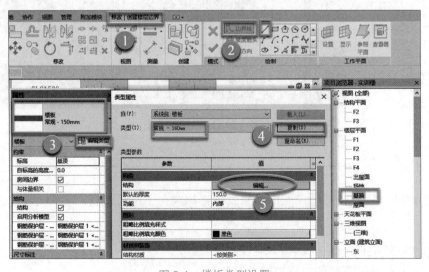

图 8-1 楼板类型设置

（2）单击"构造"中"结构"参数后边的"编辑"按钮，按图 8-2 进行设置，材质设为"混凝土 - 现场浇注混凝土"，厚度设为"160"。

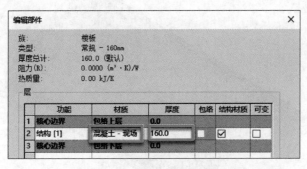

图 8-2 楼板结构参数设置

（3）开始绘制"F1"层楼板，绘制如图 8-3 所示轮廓线，参数按左侧属性面板设置。绘制完成后单击 ✔ 按钮，完成编辑后弹出如图 8-4 和图 8-5 所示的对话框，单击"否"按钮。完成后的三维图如图 8-6 所示。

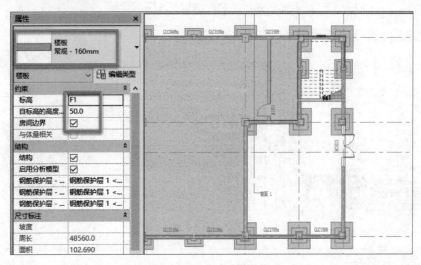

图 8-3 "F1"层楼板绘制

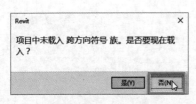

图 8-4 跨方向设置

图 8-5 墙附着设置

（4）进入"F2"层平面视图。单击"可见性 / 图形替换"选项，勾选以前链接的图纸"AR01.dwg"，如图 8-7 所示。按链接图纸绘制"F2"层的楼板，单击"直线"绘制轮廓线，绘制完成后单击 ✔ 按钮，完成编辑，如图 8-8 所示。1# 楼梯和 2# 楼梯的位置留洞，卫生间由于比地坪低 50mm，需要另行绘制楼板。

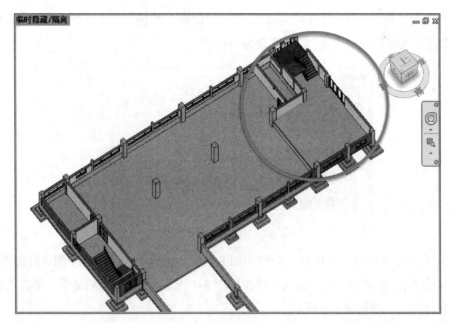

图 8-6 "F1"楼板三维图

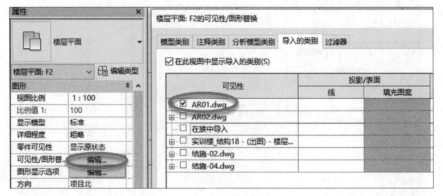

图 8-7 "F2"楼层平面可见性

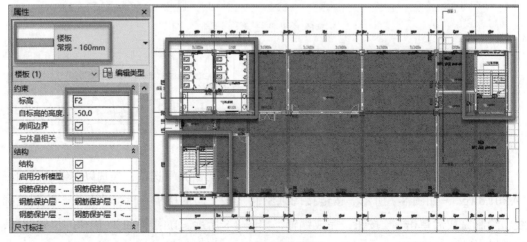

图 8-8 "F2"楼板绘制

注意

　　绘制楼板时，楼板边界可以是多个闭合的轮廓，但一定要保证轮廓都是闭合的。

（5）按图 8-9 所示设置卫生间楼板的实例属性，绘制卫生间楼板。

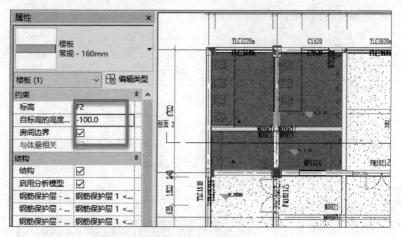

图 8-9　卫生间楼板绘制

8.1.2　编辑楼板

（1）把鼠标指针放在楼板边缘，连续按【Tab】键，直到选中楼板，如图 8-10 所示，单击"编辑边界"按钮 ，进入"修改 | 楼板"→"编辑边界"选项卡，用图 8-11 所示的修改工具进行修改调整。

教学视频：
楼板开洞

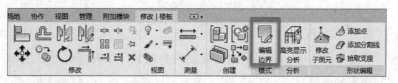

图 8-10　编辑楼板边界

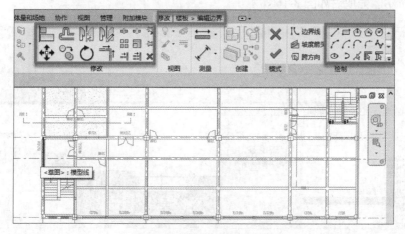

图 8-11　楼板边界修改调整

（2）板绘制完成后，板是切割梁和柱，与实际不符，需要切换板和柱梁的连接顺序。单击"修改"选项卡中的"几何图形"面板，在"连接"下拉列表中选择"切换连接顺序"，如图 8-12 所示。选择选项栏中的"多重连接"，选择楼板，再选择梁和柱，也可以框选。单击"修改"按钮或者按【Esc】键完成，如图 8-13 所示。

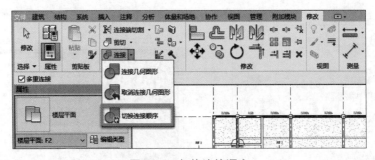

图 8-12　切换连接顺序

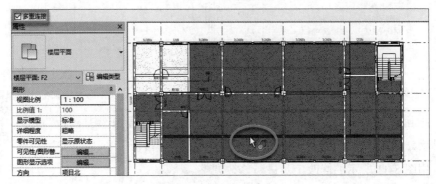

图 8-13　楼板切换连接

（3）在立面视图里框选"F2"层楼板，单击"过滤器"按钮，勾选"楼板"，如图 8-14 所示。单击"剪贴板"面板中的"复制到剪贴板"工具 📋，然后单击"粘贴"按钮 📋 下的"与选定的标高对齐"工具 📋，弹出"选择标高"窗口，选择"F3"和"F4"，如图 8-15 所示。完成后如图 8-16 所示。

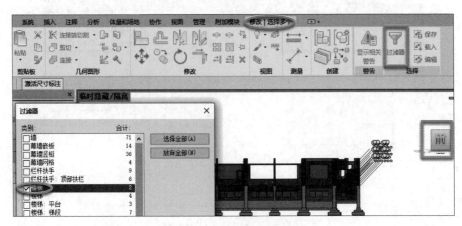

图 8-14　过滤选择楼板

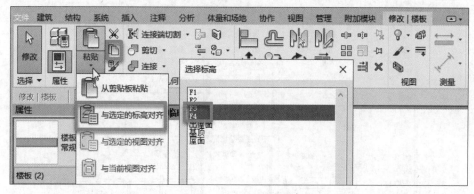

图 8-15　复制粘贴楼板

图 8-16　"F3""F4"楼板

8.2　创建屋顶

屋顶工具 在"建筑"选项卡的"构建"面板中。"屋顶"命令的下拉菜单中有三种创建屋顶的方法:"迹线屋顶""拉伸屋顶""面屋顶",依附于屋顶进行放样的命令有:"屋檐:底板""屋顶:封檐板""屋顶:檐槽",如图 8-17 所示。

迹线屋顶:通过创建屋顶边界线,定义边线属性和坡度的方法创建各种常规坡屋顶和平屋顶。

拉伸屋顶:当屋顶的横断面有固定形状时可以用拉伸屋顶命令创建。

面屋顶:异型的屋顶可以先创建参照体量的形体,再用"面屋顶"命令拾取面进行创建。

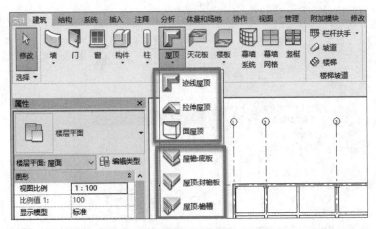

图 8-17　屋顶工具

8.2.1　迹线屋顶

（1）单击进入"出屋面"的平面视图，在"建筑"面板中选择"屋顶" 下拉列表中"迹线屋顶" 命令（图 8-18），进入迹线屋顶草图编辑模式。

教学视频：
迹线屋顶

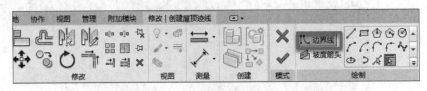

图 8-18　迹线屋顶工具

（2）单击"属性"面板中的"编辑类型"按钮，打开"类型属性"窗口，如图 8-19 所示。"复制"一个屋顶，名称设为"常规 -200mm"，单击"结构"右侧的"编辑"按钮，进入结构墙参数的设置。将"厚度"改为 200，"材质"选择"混凝土 - 现场浇注混凝土"，勾选"使用渲染外观"，单击"确定"按钮完成设置，如图 8-20 所示。

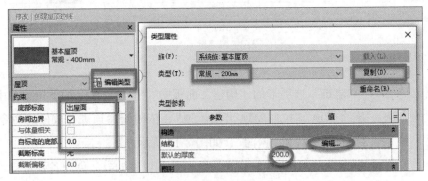

图 8-19　新建屋顶类型

（3）单击"绘制"面板中的"矩形"工具 ，"偏移"设为 200，如图 8-21 所示。单击 按钮或"修改"按钮 完成。完成的顶部屋顶绘制三维图见图 8-22。双击屋顶，单击边界线，可以对坡度进行设置，如图 8-23 所示。

图 8-20 屋顶材质设置

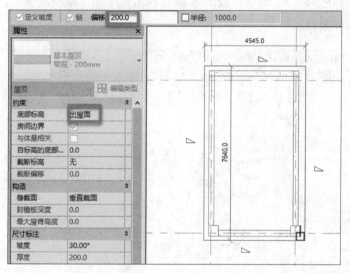

图 8-21 顶部屋顶绘制

图 8-22 顶部屋顶三维图

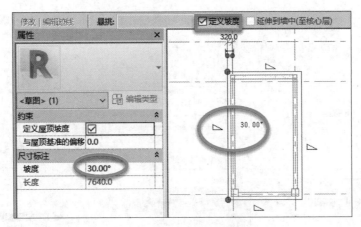

图 8-23　迹线屋顶坡度设置

8.2.2　拉伸屋顶

（1）单击进入"屋面"的平面视图，在"建筑"选项卡中选择"屋顶" 下拉列表中"拉伸屋顶" 命令，按图 8-24 选择工作平面，单击屋顶梁，选择屋顶参照标高和偏移。

教学视频：
拉伸屋顶

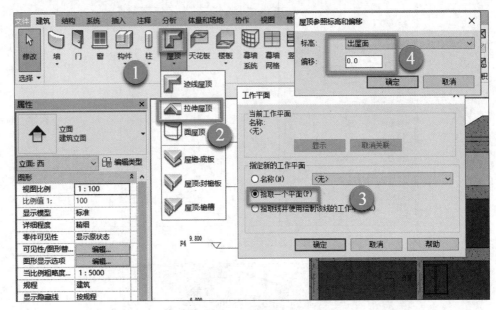

图 8-24　拉伸屋顶工作平面设置

（2）沿屋面梁上部绘制一条直线，如图 8-25 所示。完成后进入屋面平面视图，查看长度是否符合要求，通过拖动左右两侧的蓝色三角形，可移动拉伸到需要的位置，如图 8-26 所示。

（3）单击"洞口"面板中的"垂直"工具 ，选择"矩形"工具 ，将 2# 楼梯和屋顶中间部位开洞，如图 8-27 所示。单击 按钮或"修改"按钮 完成，完成后的三维图如图 8-28 所示。

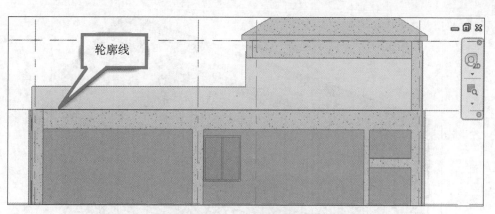

图 8-25　拉伸屋顶轮廓绘制

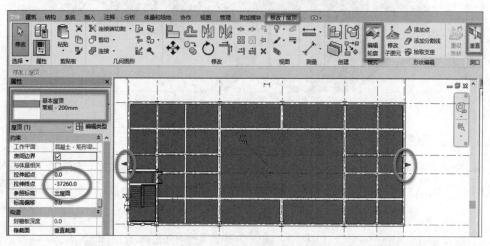

图 8-26　拉伸长度修改

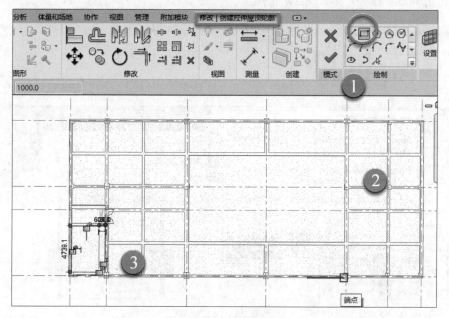

图 8-27　绘制屋顶洞口

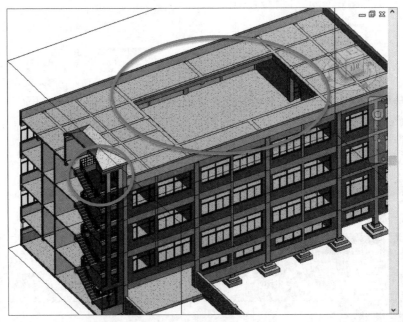

图 8-28　屋顶洞口三维图

8.2.3　创建雨棚和天窗

雨棚和天窗可以使用族工具创建，也可以在体量上创建幕墙系统。本实训楼项目使用第二种方法创建，族的创建将在以后的章节中详细讲解。

（1）进入"F1"平面视图，单击"体量和场地"选项卡中的"概念体量"面板，单击"内建体量"工具 ，输入内建体量族的名称为"体量 1"，然后单击"确定"按钮，如图 8-29 所示。

教学视频：
雨棚和天窗

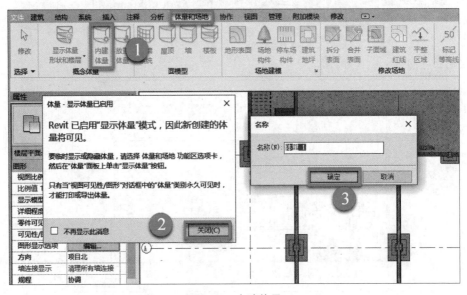

图 8-29　内建体量

┃说明

　　初次创建体量时会弹出"体量-显示体量已启用"对话框，若勾选"不再显示此消息"，则下次创建体量时不再弹出该窗口。

　　（2）单击"模型" ┃ 中的"矩形"工具 ▭，按图 8-30 所示的设置绘制体量线，完成后单击"形状"面板→"创建形状" ▱ →"实心形状" ◭。

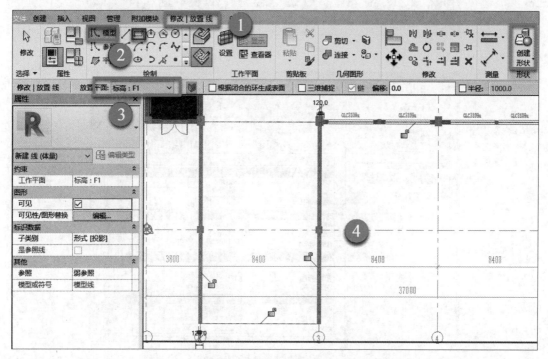

图 8-30　体量线绘制

　　（3）切换到西立面视图，按图 8-31 所示调整拉伸长度，单击 ✔ 按钮完成。

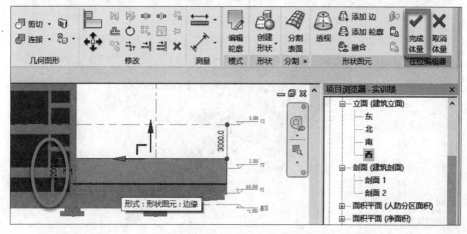

图 8-31　体量拉伸调整

（4）在"建筑"选项卡的"构建"面板中单击"幕墙系统" 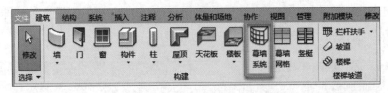 ，如图 8-32 所示。单击"编辑类型"按钮，复制一个新的类型，命名为"雨棚_3000×1200"，参数设置如图 8-33 所示。单击选择体量最上边的面后，"选择多个"按钮 变为灰色，然后单击"创建系统"按钮 ，如图 8-34 所示。完成后的效果如图 8-35 所示。

图 8-32　幕墙系统

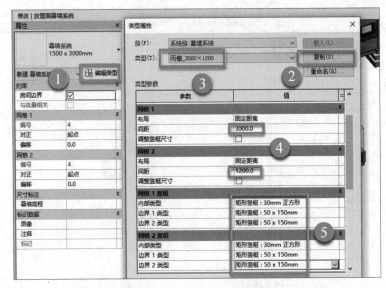

图 8-33　幕墙系统类型设置

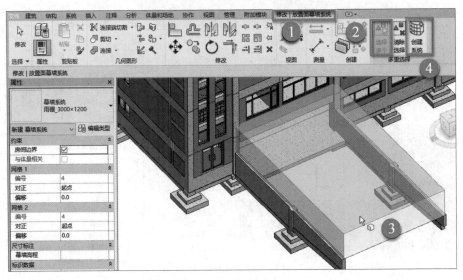

图 8-34　创建系统

图 8-35　雨棚顶部完成

（5）按同样的方法，再创建一个"雨棚_1000×1200"类型的幕墙系统，单击选择体量边的两个面，单击"创建系统"按钮 ▤，如图 8-36 所示。完成后，删除体量。

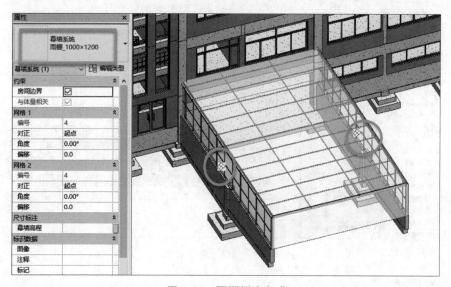

图 8-36　雨棚侧边完成

（6）用同样的方法创建两个入口处的雨棚，类型为"雨棚_700×700"，完成后如图 8-37 所示。

（7）进入"屋面"楼层平面，先创建一个墙体，命名为"屋面 - 天窗外墙 -180"，按图 8-38 所示进行设置，增加两个涂膜层，添加白色涂料材质。由于材质库只有黄色涂料，需要在黄色涂料基础上复制一个白色涂料（图 8-39），并更改颜色为白色（图 8-40）。

（8）绘制墙体，结果如图 8-41 所示。

（9）按创建雨棚的方法和步骤创建天窗，命名为"天窗_3000×3000"。完成后的效果如图 8-42 所示。

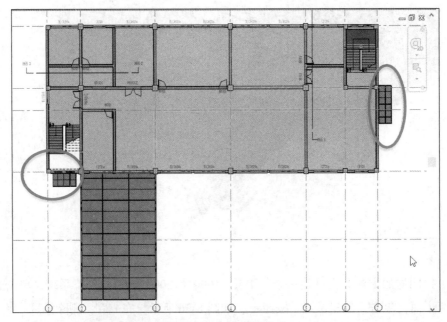

图 8-37　入口雨棚完成

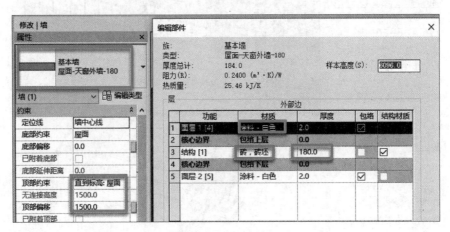

图 8-38　屋面天窗墙设置

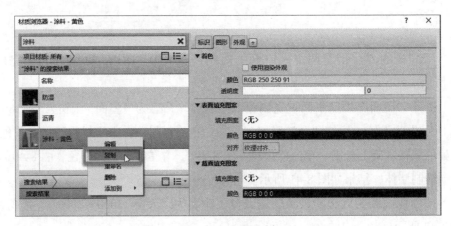

图 8-39　复制涂料

图 8-40 涂料颜色变更

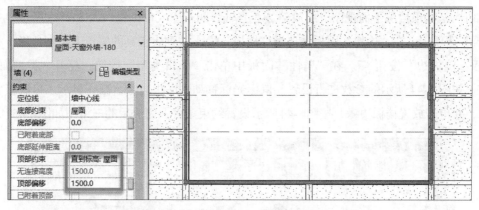

图 8-41 屋面天窗墙绘制

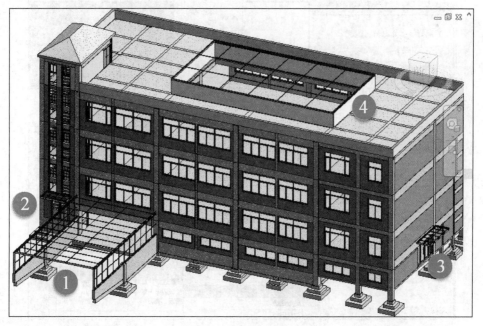

图 8-42 天窗雨棚三维图

8.3 轮廓族的使用

Revit 轮廓族是在 Revit 中比较简单的一个族，但同时也是比较重要的一个族。轮廓族相当于定义了一个截面，可以由多边形构成，也可以由弧形等组成一个封闭的曲线。在制作族时，可以对指定的轮廓族类型进行拉伸或放样。本实训楼项目介绍楼板边缘和封檐带的使用方法。

8.3.1 创建楼板边缘

使用"楼板边缘"工具可以沿所选择的楼板边缘按指定的轮廓创建带状放样模型。在放样前，必须先载入所需要的轮廓形状族。下面为实训楼项目添加车库入口处底板下部梁。

教学视频：
楼板边缘

切换至基顶楼层平面视图，缩放至 2~3 号轴线间车库入口位置。如图 8-43 所示，单击"建筑"选项卡，在"构建"面板中选择"楼板" ⌧ 下拉列表工具的黑色下拉三角形，单击"楼板：楼板边"按钮 ⌫。在"属性"面板中单击"编辑类型"按钮，打开"类型属性"窗口，按图 8-44 所示的参数进行设置。鼠标光标移动到底板边缘，高亮显示入口底板水平边缘，并单击放置楼板边缘，按图 8-44 所示设置约束条件，完成后的三维图如图 8-45 所示。

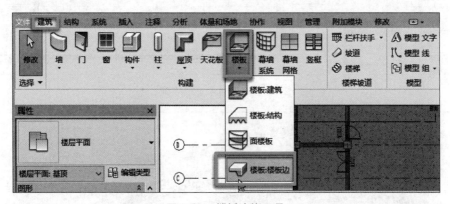

图 8-43 楼板边缘工具

图 8-44 楼板边缘类型设置

图 8-45　楼板边缘完成

说明

可以通过单击水平轴和竖直轴轮廓翻转按钮调整楼板边缘轮廓的方向。

8.3.2　创建封檐板

创建封檐板工具可以为屋顶、檐底板和其他封檐带边缘添加封檐板，也可以向模型线添加封檐板。可以将檐沟放置在二维视图（如平面或剖面视图）中，也可以放置在三维视图中。接下来，在三维视图中为实训楼楼梯上部屋顶创建封檐板。

教学视频：
封檐板

（1）切换至三维视图。如图 8-46 所示，在"建筑"选项卡的"构建"面板中单击"屋顶" 下拉列表中的"屋顶：封檐板"工具 ，进入"修改 | 放置封檐板"选项卡。

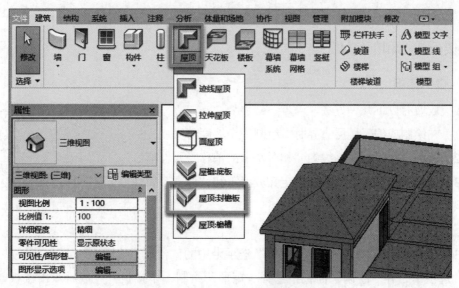

图 8-46　屋顶：封檐板

（2）在"属性"面板中单击"编辑类型"按钮，打开"类型属性"窗口，按图 8-47 所示的参数进行设置，材质设置为"聚氯乙烯，硬质"。逐个单击屋顶下边缘，完成放置（图 8-48）。

图 8-47　修改 | 放置封檐板

图 8-48　封檐板完成

8.4　楼板放坡和创建坡道

8.4.1　楼板放坡

楼板放坡有以下几种方法。

（1）在绘制或编辑楼层边界时，绘制一个坡度箭头。

（2）指定平行楼板绘制线的"相对基准的偏移"属性值。

（3）指定单条楼板绘制线的"定义坡度"和"坡度"属性值。

（4）对楼板的形状进行编辑。

下面分别介绍几种放坡的使用方法。

（1）切换至平面视图，单击"建筑"选项卡中的"楼板"按钮 ，进入"创建 | 楼板边界"选项卡，在"绘制"面板中选择"矩形"绘制一个楼板，完成后双击楼板，进入"修改 | 编辑边界"选项卡，如图 8-49 所示。

教学视频：
楼板放坡

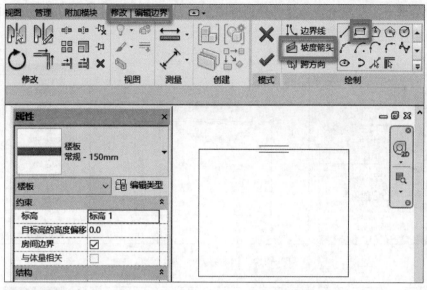

图 8-49 创建楼板

（2）在"绘制"面板中选择"坡度箭头"按钮 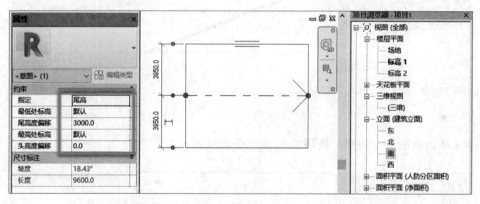，从左到右绘制坡度箭头，如图 8-50 所示。完成后的楼板如图 8-51 所示。

图 8-50 坡度箭头设置

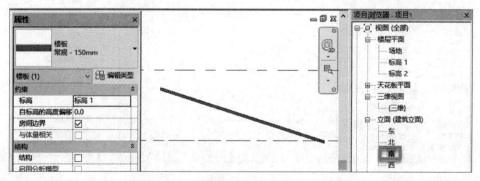

图 8-51 楼板倾斜

（3）单击平行的两个板边线，分别按图 8-52 所示设置相对基准的偏移为 3000 和 0。
完成后的楼板如图 8-53 所示。

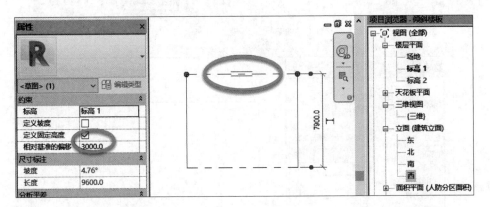

图 8-52　相对基准的偏移设置

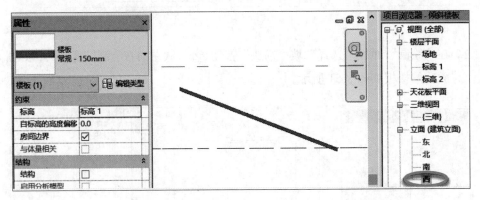

图 8-53　楼板倾斜设置完成

（4）单击板的一个边线，按图 8-54 所示进行设置。

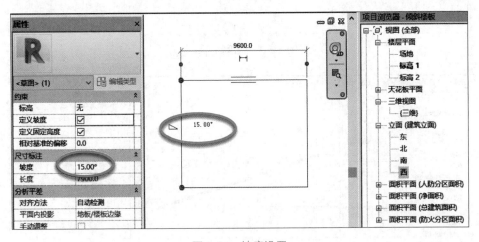

图 8-54　坡度设置

（5）选择楼板，单击"添加分割线"按钮 ，在楼板中间创建分割线，再单击"修改子图元"按钮 ，分别设置为 1500，如图 8-55 所示，完成后效果如图 8-56 所示。

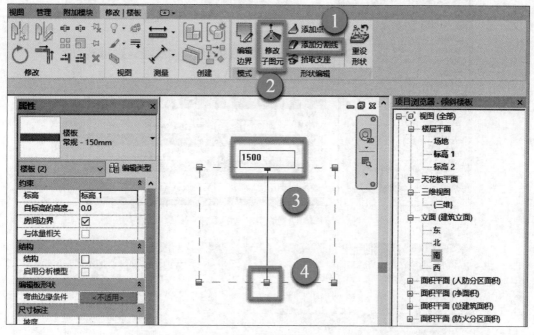

图 8-55　修改子图元设置

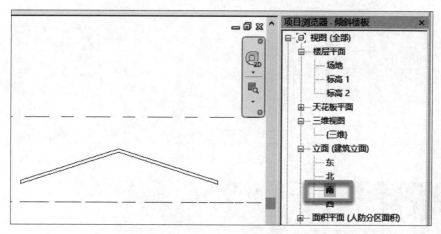

图 8-56　子图元修改完成

8.4.2　创建坡道

（1）切换至基顶视图，在"建筑"选项卡的"楼梯坡道"面板中单击"坡道"工具 ，按图 8-57 所示进行参数设置。

（2）按图 8-58 从上到下绘制坡道，单击"完成"按钮。完成后的三维图如图 8-59 所示。

教学视频：
建筑坡道

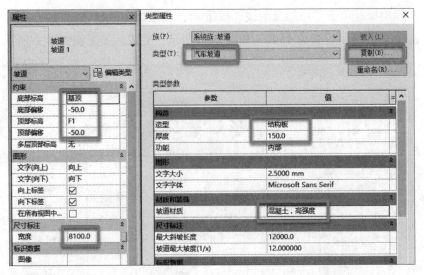

图 8-57　坡道参数设置

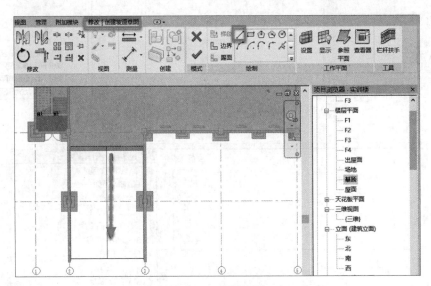

图 8-58　坡道绘制

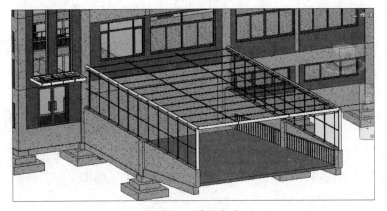

图 8-59　坡道完成

注意

坡道完成后把两侧的栏杆删除。

—— 习题 ——

1. 创建楼板后，如何为楼板开洞？
2. 屋顶的创建方法有哪些？
3. 如何用幕墙系统创建雨棚和天窗？
4. 楼板放坡的方法有哪几种？

第 9 章 场地与建筑表现

第 8 章讲解了创建楼板、屋顶、雨棚和天窗的方法与步骤，轮廓族的使用方法，以及楼板放坡和创建坡道的方法与步骤。本章将就场地与建筑表现进行介绍。

9.1 创建场地

使用 Revit 提供的场地工具，可以为项目创建场地三维地形模型、场地红线、建筑地坪等构件。可以在场地中添加植物、停车场等场地构件，以丰富场地表现。

9.1.1 创建地形表面

地形表面是场地设计的基础。使用"地形表面"工具，可以为项目创建地形表面模型。Revit 提供了两种创建地形表面的方式：放置高程点和导入测量文件。放置高程点可以手动添加地形点并指定点高程。Revit 将根据已指定的高程点，生成三维地形表面。导入测量文件的方式可以导入 DWG 文件或测量数据文本，Revit 自动根据测量数据生成真实场地地形表面。本实训楼项目通过放置高程点的方式创建地形表面。

（1）在"项目浏览器"中双击"场地"，进入场地平面视图，在"属性"浏览器中单击"视图范围"旁的"编辑"按钮，弹出"视图范围"对话框，在该对话框中设置视图范围参数，如图 9-1 所示。

（2）选择"体量和场地"选项卡，在"场地建模"面板中单击"地形表面"按钮，如图 9-2 所示，进入"修改 | 编辑表面"选项卡。

（3）在"工具"面板中选择"放置点"，将选项栏中的"高程"修改为"−450.0"，如图 9-3 所示。单击放置四个高程点，在"属性"面板中单击"材质 - 按类别"按钮，为场地表面添加材质，如图 9-4 所示。单击"完成表面"按钮，完成的"地形表面"如图 9-5 所示。

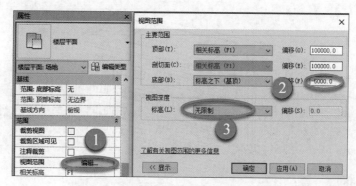

图 9-1 视图范围设置

图 9-2 地形表面工具

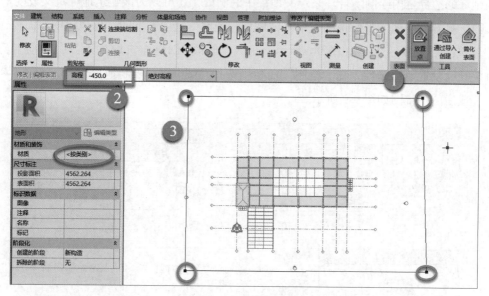

图 9-3 放置高程点

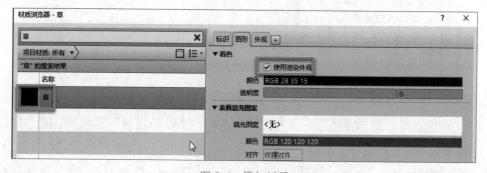

图 9-4 添加材质

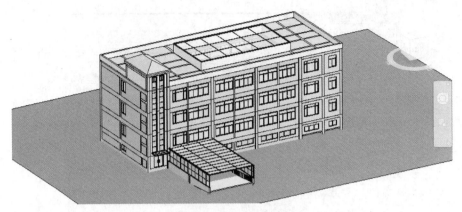

图 9-5　地形表面完成

9.1.2　建筑地坪与场地道路

　　建筑地坪与场地道路可以用"建筑地坪"工具完成。建筑地坪可以定义结构和深度；在绘制地坪时，可以指定一个值来控制其标高的高度，还可以指定其他属性；可以通过在建筑地坪的边界之内绘制闭合环来定义地坪中的洞口，还可以为该建筑地坪定义坡度。

　　（1）打开"场地"平面视图，单击"体量和场地"选项卡下的"场地建模"面板，单击"建筑地坪"按钮 ▣，如图 9-6 所示。进入"修改 | 创建建筑地坪边界"选项卡，按图 9-7 所示设置地坪属性，在"绘制"面板中选择"线"▧，绘制地坪边界，如图 9-8 所示。完成后的三维图如图 9-9 所示。

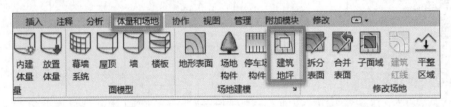

图 9-6　建筑地坪工具

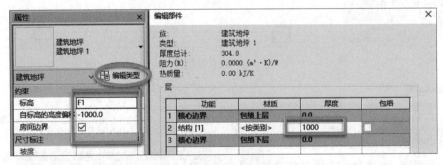

图 9-7　建筑地坪设置

　　（2）创建道路。在"场地"平面视图中，选择"体量和场地"选项卡，在"场地建模"面板中选择"建筑地坪"工具，如图 9-6 所示。按图 9-10 和图 9-11 所示进行参数设置，材质设为"场地 - 碎石"。在"绘制"面板中用"线""起点 - 终点 - 半径弧"等工具绘制道路边界，如图 9-12 所示，单击"完成编辑模式"按钮 ✅ 完成道路的创建。完成后的三维图如图 9-13 所示。

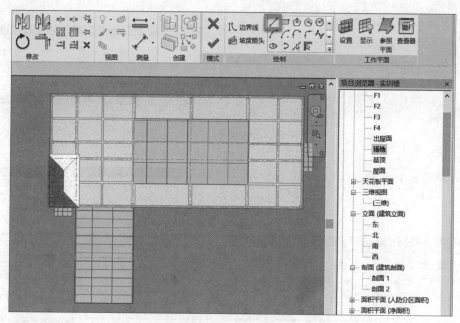

图 9-8 建筑地坪绘制

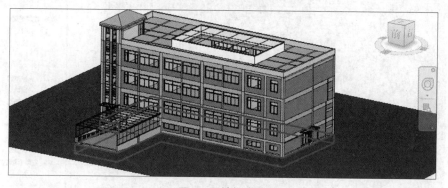

图 9-9 地坪完成

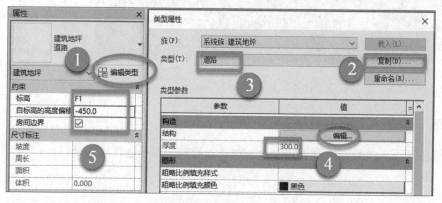

图 9-10 道路参数设置

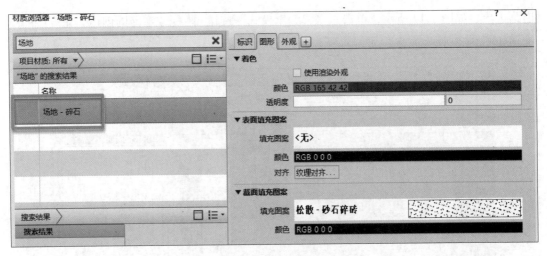

图 9-11　道路材质

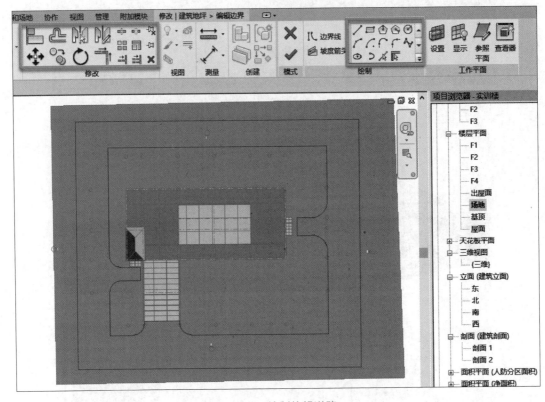

图 9-12　绘制编辑道路

> **说明**
>
> 道路也可以使用"修改场地"面板的"子面域"按钮▦进行创建。

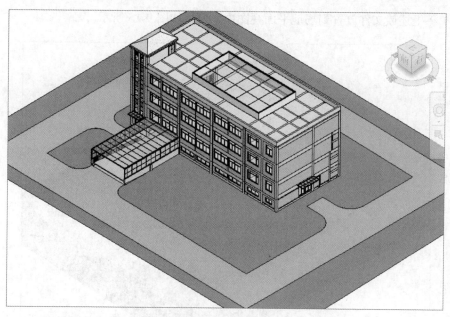

图 9-13 道路三维图

9.1.3 放置场地构件

（1）进入"场地"平面视图，选择"体量和场地"选项卡，在"场地建模"面板中选择"场地构建"工具，如图 9-6 所示。

（2）在"模式"面板中单击"载入族"按钮 ，弹出"载入族"对话框，在"建筑"默认族库中找到"植物"→"3D"→"草本"→"草 4 3D.rfa"，最后单击"打开"按钮，把所需要的族载入项目中。同理找到"植物"→"3D"→"灌木"→"灌木 3 3D.rfa"，在"配景"中找到"RPC 甲虫""RPC 男性"和"RPC 女性"，单击"打开"按钮将族载入项目中，如图 9-14 所示。

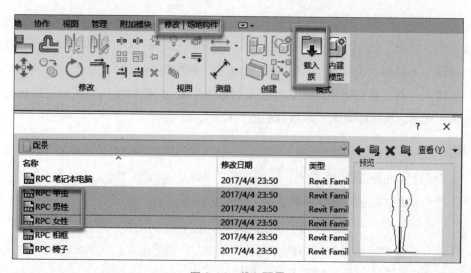

图 9-14 载入配景

（3）将上述族文件放置到场地平面视图中，效果如图 9-15 所示。

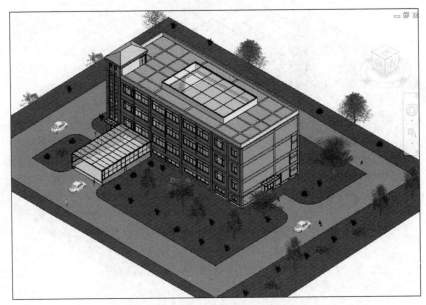

图 9-15　场地构件完成

9.2　日光研究

在 Revit 中，可以对项目进行日照分析，以反映自然光和阴影对室内外空间和场地的影响，日光的显示可以为真实模拟，也可以将动态输出为视频文件。进行日光分析的主要步骤是项目位置的设定、阴影及日光路径开启、分析（包含静态和动态）、输出成果。假设此实训楼项目在浙江省杭州市浙江水利水电学院内，建筑朝向为南偏西 10°，以下为设置步骤。

教学视频：
日光研究

9.2.1　定义项目位置

（1）在"管理"选项卡的"项目位置"面板中单击"地点"工具 🔵，打开"位置、气候和场地"对话框，并切换至"位置"选项卡，如图 9-16 所示。在此选项卡的"项目地址"中输入"浙江省杭州市江干区浙江水利水电学院"，然后单击"搜索"按钮进行搜索，找到正确的地址后即确定了本项目的地理位置。

> **说明**
>
> 　　除了通过在 Internet 中搜索项目地址外，还可以通过单击"定义位置依据"下拉列表中的"默认城市列表"进行手动设置，如图 9-17 所示。

（2）地理位置确定后设置项目的方向即"正北"。在"位置、气候和场地"对话框中切换至"场地"选项卡，默认情况下项目北与正北方向一致，如图 9-18 所示。

图 9-16 项目位置设置

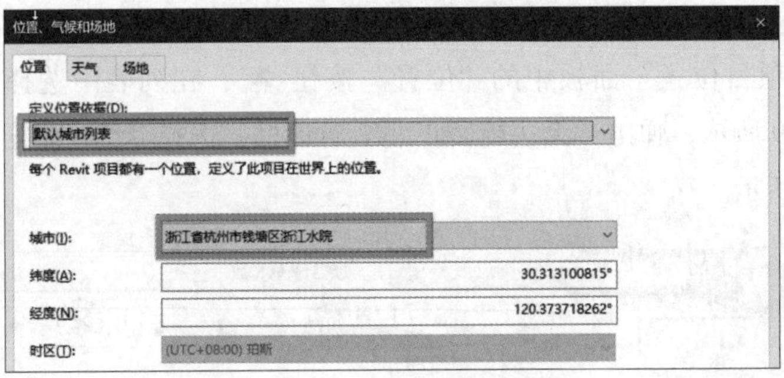

图 9-17 定位位置依据

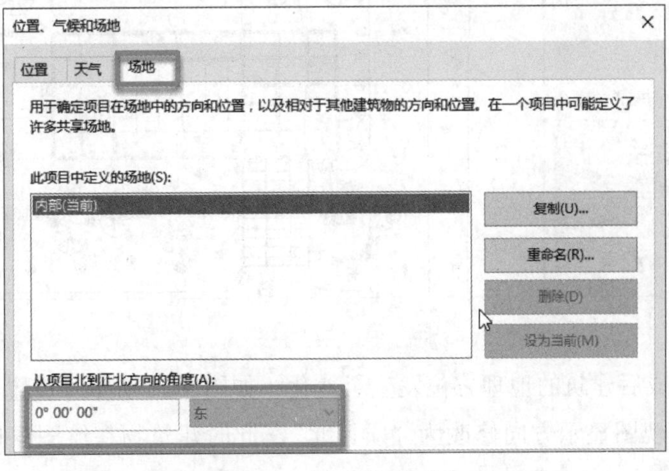

图 9-18 "场地"选项卡

（3）打开"场地"平面视图，当前视图的默认显示方向是"项目北"，要让项目在地理位置上旋转10°，需要把工作视图的显示方向改为"正北"。打开本视图的"属性"对话框，如图9-19所示，修改"方向"为"正北"，完成后单击"应用"按钮确认。

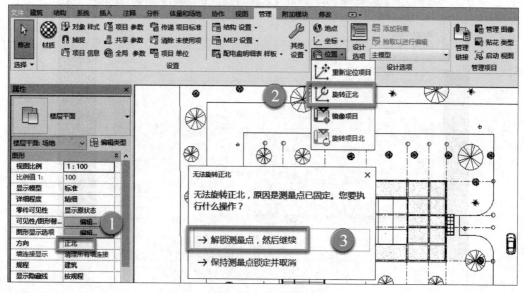

图 9-19　正北方向设置

（4）单击"项目位置"面板中的"位置"按钮 ，在列表中选择"旋转正北"工具 ，如图9-19所示，弹出"无法旋转正北"对话框，选择继续。指定项目旋转角度为10°，如图9-20所示。

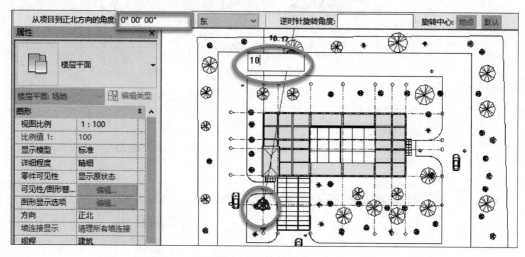

图 9-20　旋转正北

（5）设置完成后建筑的地理方位发生了变化，如图9-21所示。设置正北后，为方便绘图，可以再将视图显示方向修改为"项目北"，此时建筑物在绘图窗口的显示将变为"项目北"的方向。

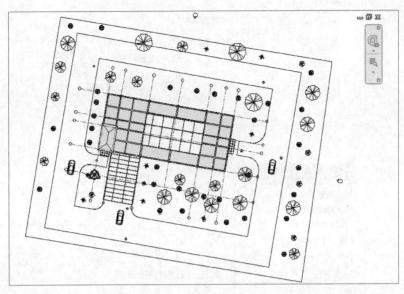

图 9-21　旋转正北完成

9.2.2　日光及阴影设置

设置了建筑的正北方向后即可打开阴影和设置太阳的方位，为日光分析做进一步准备。日照分析一共有四种模式，分别为静态分析、一天内动态分析、多天动态分析和照明，如图 9-23 所示。基于这几种模式，Revit 可以分别模拟具体时刻或者一天、多天中动态的日照和阴影情况。

（1）打开三维视图，单击视图底部视觉样式按钮，在弹出选项中选择"图形显示选项"，打开"图形显示选项"对话框。勾选"投射阴影"选项，即可打开阴影显示，如图 9-22 所示。单击"确定"按钮，退出"图形显示选项"对话框，完成阴影的开启。单击视图控制栏中的"打开 / 关闭阴影"按钮 ，也可打开本视图中阴影的显示。

（2）切换至三维视图，单击视图控制栏中的"日光路径"按钮。在弹出的菜单中选择"日光设置"选项，打开"日光设置"对话框。选择"日光研究"为"静止"，参照图 9-23 所示设置地点、日期和时间。设置完成后，单击"确定"按钮返回三维视图，Revit 将按设置的日光位置和之前设定的"正北"方向投射阴影，如图 9-24 所示。

（3）在项目浏览器下日照分析结果视图中右击，从弹出的菜单中选择"作为图像保存到项目中"选项，输入名称后进行分辨率设置并保存，可以将已经完成的日照分析图形保存在项目浏览器的"渲染"节点下，打开项目浏览器"渲染"节点可看到刚刚保存的图片，如图 9-25 所示。

（4）右击再复制一个新的三维视图，命名为"动态日光"。单击视图控制栏中的"日光路径"按钮，在弹出的菜单中选择"日光设置"选项，打开"日光设置"对话框。选择"日光研究"为"一天"，参照图 9-26 设置地点、日期和时间。设置完成后，单击"确定"按钮返回三维视图。

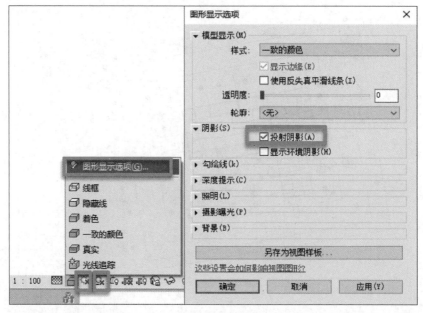

图 9-22 阴影设置

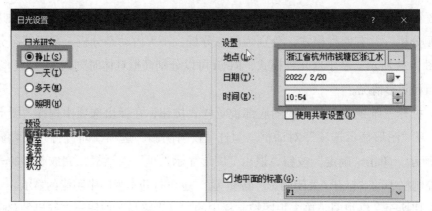

图 9-23 日光设置

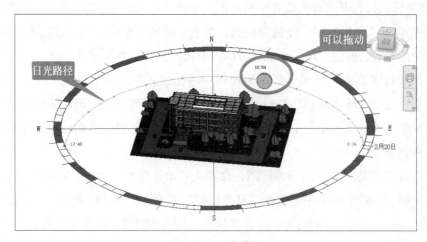

图 9-24 日光路径

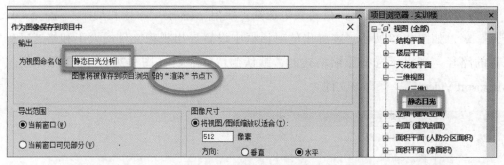

图 9-25 保存分析图像

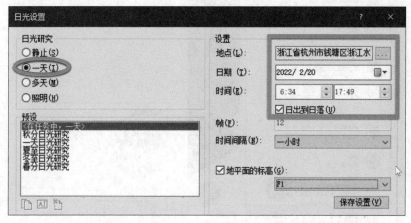

图 9-26 日光设置一天

（5）再次单击控制栏中的"日光路径"按钮，选择"日光研究预览"选项，此时将在视图窗口顶部出现图 9-27 所示的预览播放控制条，单击"播放"按钮，可以在视图中播放一天内各时刻阴影的变化。

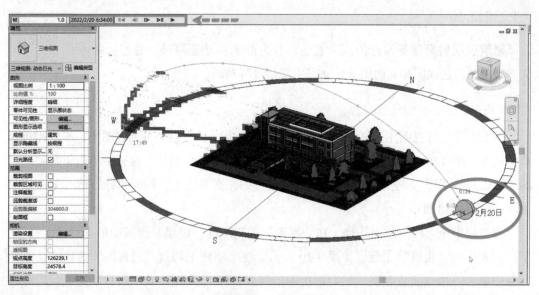

图 9-27 动态分析

（6）单击"文件"按钮，在列表中选择"导出" →"图像和动画" →"日光研究" ，如图 9-28 所示。在弹出的对话框中设置导出视频文件的大小和格式，确定保存的路径。当提示选择压缩格式时，默认为"全部帧"（图 9-29），选择压缩模式为"Microsoft Video 1"，保存该文件。

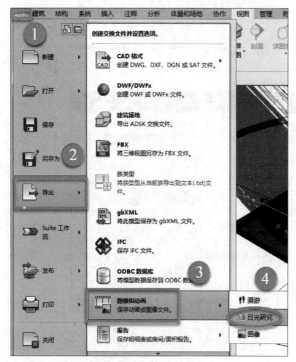

图 9-28　导出动态分析　　　　　　　　　　　　图 9-29　导出设置

9.3　建筑表现

建筑表现就是建筑设计的成果表达，分为静态和动态两种。静态包括正交三维视图与透视图和立面图等，动态主要是漫游动画。

教学视频：
建筑表现

9.3.1　正交三维视图与透视图

（1）正交三维视图用于显示三维视图中的建筑模型，在正交三维视图中，不管相机距离的远近，所有构件的大小均相同。在"视图"选项卡的"创建"面板中单击下拉菜单中的"默认三维视图"，会自动将相机放置在模型的东南角之上，同时目标定位在第一层的中心，如图 9-30 所示。

（2）切换至"F1"楼层平面，在"视图"选项卡的"创建"面板中单击"三维视图"下拉列表中的"相机"工具，如图 9-30 所示。在选项栏上勾选"透视图"选项。在绘图区域中单击一次以放置相机，然后再次单击放置目标点，如图 9-31 所示。完成后隐藏线效果如图 9-32 所示。

图 9-30 正交三维视图

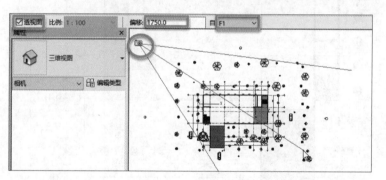

图 9-31 创建透视图

说明

可在平面视图、剖面视图或立面视图中创建透视图。

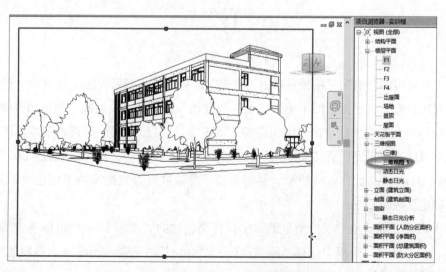

图 9-32 透视图的隐藏线效果

9.3.2 漫游

漫游是在一条漫游路径上，创建多个活动相机，再将每个相机的视图连续播放。需要先创建一条路径，然后调节路径上每个相机的视图，Revit 漫游中会自动设置很多关键相机视图，即关键帧，通过调节这些关键帧视图来控制漫游动画。

（1）创建漫游路径。进入"F1"楼层平面视图，在"视图"选项卡的"创建"面板中单击"三维视图"下拉菜单中的"漫游"选项，进入漫游路径绘制状态，如图 9-30 所示。

（2）按图 9-33 所示设置漫游参数，将鼠标光标放在车库入口处开始绘制漫游路径，单击插入一个关键点，隔一段距离再插入一个关键点。按图 9-33 所示绘制路径。单击 ✔ 按钮完成漫游路线编辑。

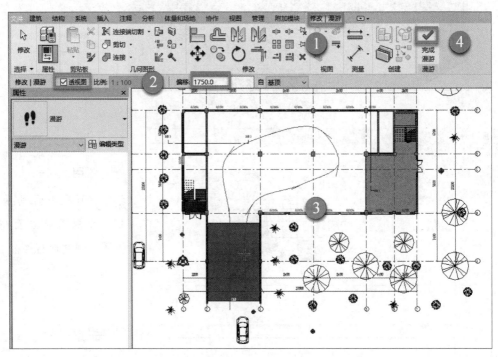

图 9-33　漫游路径设置

（3）编辑漫游。绘制完路径后单击"修改"面板中的"编辑漫游"按钮 👣，进入编辑关键帧视图状态。在平面视图中单击"上一关键帧"和"下一关键帧"调整相机的视线方向和焦距等。调整完成后单击"编辑漫游"面板中的"打开漫游"，进入三维视图调整视角和视图范围。编辑完所有"关键帧"后，在"属性"面板中，单击总帧数"300"，打开"漫游帧"对话框，如图 9-34 所示，通过调节"总帧数"等数据来调节创建漫游的快慢，单击"确定"按钮。

（4）调整完成后从"项目浏览器"中打开刚创建的"漫游 1"。用鼠标选定视图中的视图框，在"修改"面板中选择"编辑漫游"命令，然后选择"漫游"面板内的"播放"命令，开始漫游的播放，如图 9-34 所示。

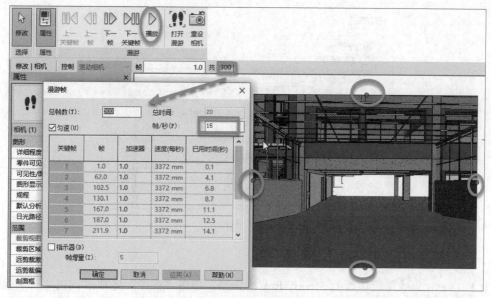

图 9-34　漫游帧数设置

（5）导出漫游。漫游创建完成后，单击"文件"菜单→"导出"→"图像和动画"→
"漫游"工具，如图 9-35 所示，弹出"长度 / 格式"对话框，如图 9-36 所示。单击"确
定"按钮后弹出"导出漫游"对话框，输入文件名，并选择路径，单击"保存"按钮，弹
出"视频压缩"对话框，选择压缩模式为"Microsoft Video 1"，单击"确定"按钮将漫游
文件导出为外部 AVI 文件。

图 9-35　漫游导出工具

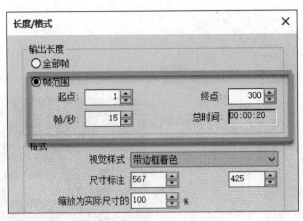

图 9-36　漫游格式

9.3.3　渲染

（1）Revit 集成了简化版的 Mently Ray 渲染器。单击"视图"选项卡，在"演示视图"面板中选择"渲染" 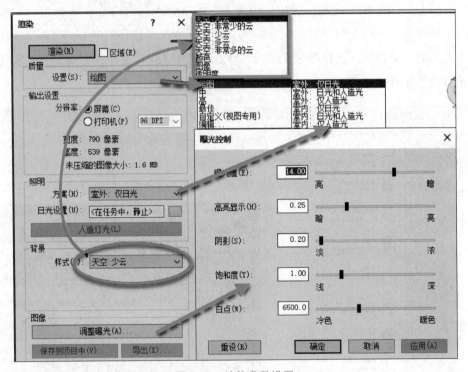 命令，弹出"渲染"对话框，渲染参数设置见图 9-37，单击"渲染"按钮对相机视图进行图像的渲染。

图 9-37　渲染参数设置

（2）渲染完成后，单击"渲染"对话框中的"保存到项目中"按钮，即可将渲染好的图像保存到此项目中；单击"导出"按钮即可把渲染完成的图像导出到项目之外。渲染后的图像如图 9-38 所示。

图 9-38　渲染效果

习题

1. 创建地形表面的方式有哪两个？分别适用于哪些情况？

2. 设置项目"正北"方向的方法和步骤是什么？

3. 漫游路径如何设置和修改？

第 10 章　创建房间、明细表及图纸

第 9 章讲述了创建场地的方法和步骤，介绍了日光设置方法，以及正交三维视图与透视图、漫游和渲染的创建方法和步骤。本章将就房间、明细表和图纸的创建方法和步骤进行介绍。

10.1　创建房间

为表示设计项目的房间分布信息，可以使用 Revit 的房间工具创建房间，配合房间标记和明细表视图统计项目房间信息。接下来为本实训楼创建房间。

10.1.1　布置房间

（1）切换至"基顶"楼层平面，在"建筑"选项卡的"房间和面积"面板中单击"房间 分隔"工具 ，如图 10-1 所示。切换至"修改 | 放置 房间分隔"选项卡，单击"绘制"面板中的"线"工具 ，按图 10-2 所示绘制三条直线。单击"修改"按钮完成。

图 10-1　房间和面积面板

（2）在"建筑"选项卡的"房间和面积"面板中单击"房间"工具 ，切换至"修改 | 放置 房间"选项卡，进入放置房间模式。设置"属性"面板类型中房间标记类型为"标记 _ 房间 - 无面积 - 方案 - 黑体 -4-5mm-0-8"，单击需要创建房间的位置，即可创建房间。如图 10-3 所示，步骤 4 是在放置时没有单击"在放置时进行标记"工具 ，而步骤 6、步骤 7 则是单击"在放置时进行标记"工具 后放置的，多了一个房间的标记。

（3）按照上述方法创建其他楼层的房间分隔和房间，图 10-4 所示为"F4"楼层房间。

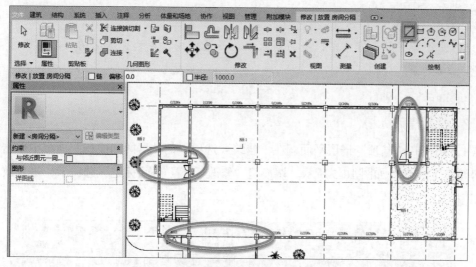

图 10-2 放置房间分隔

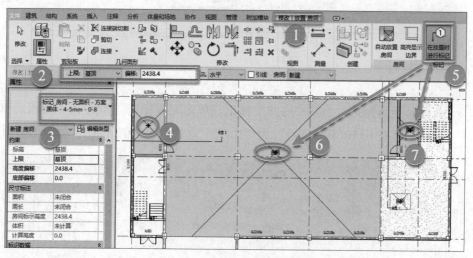

图 10-3 创建房间

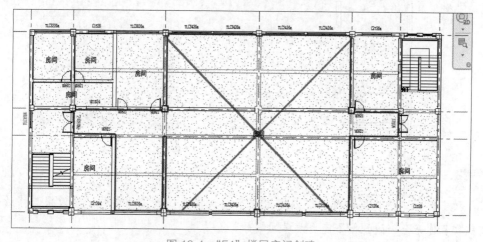

图 10-4 "F4"楼层房间创建

10.1.2　放置房间标记

（1）切换到"基顶"楼层平面，在"建筑"选项卡的"房间和面积"面板中单击"标记 房间"工具 ，如图 10-5 所示。切换至"修改 | 放置 房间标记"选项卡，进入放置房间标记模式。

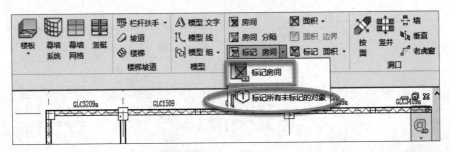

图 10-5　标记房间面板

（2）光标移至房间内，出现"房间"标记，单击完成标记，如图 10-6 所示。单击房间，在"属性"面板中修改其"编号"为"101"，"名称"为"值班室"，如图 10-7 所示。

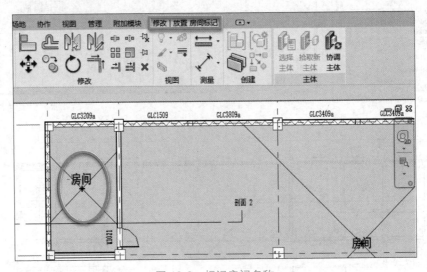

图 10-6　标记房间名称

注意

双击标记中的房间名称，进入标记文字编辑状态修改房间名称，其效果与修改实例参数名称完全一致，但不能更改房间编号。

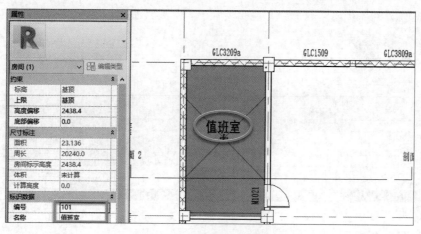

图 10-7　房间编号和名称修改

10.1.3　房间图例

添加房间后，可以在视图中添加房间图例，并采用颜色块等方式，用于更清晰地表现房间范围、分布等。下面继续为实训楼项目添加房间图例。

（1）在项目浏览器中，右击"基顶"楼层平面视图，在弹出的快捷菜单中选择"复制视图"→"复制"命令，复制新建视图，如图 10-8 所示。切换至该视图，重命名该视图为"基顶 - 房间图例"。单击"属性"面板中的"可见性 / 图形替换"，或按快捷键【VV】，打开"可见性 / 图形替换"对话框。在"可见性 / 图形替换"对话框中，切换至"模型类别"选项卡，不勾选当前视图中的地形、场地、植物和环境等类别，切换至"注释类别"选项卡，不勾选当前视图中的剖面、详图索引符号、轴网和参照平面等不必要的对象类别，如图 10-9 所示。

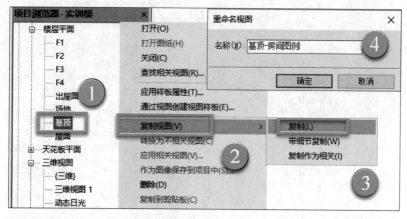

图 10-8　复制视图

（2）在"建筑"选项卡的"房间和面积"面板中单击下拉列表的黑色三角形，单击"颜色方案"工具 🖼 后进行房间图例方案设置。在弹出的"编辑颜色方案"对话框的左侧方案列表类别中选择"房间"，修改"标题"为"基顶房间图例"，选择"颜色"列表为

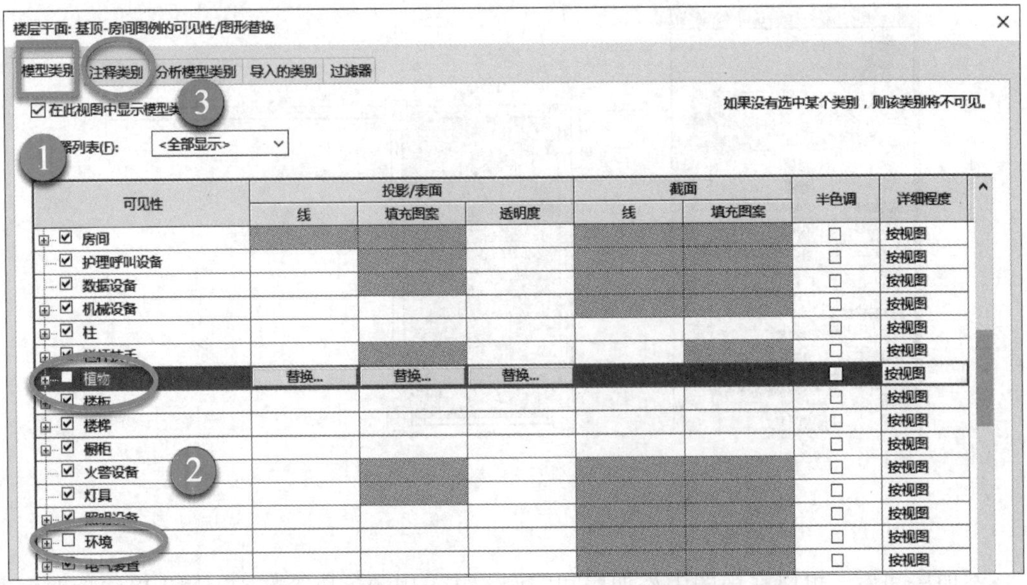

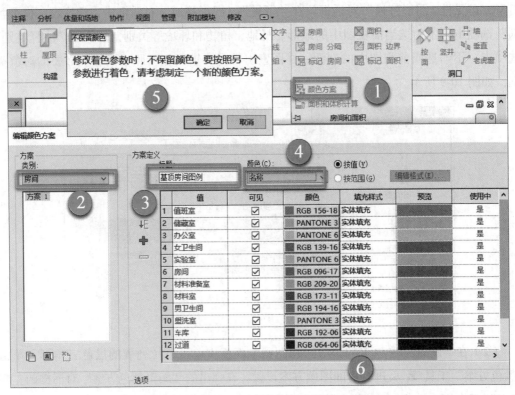

图 10-9　可见性设置

"名称"，即按房间名称定义颜色。弹出"不保留颜色"对话框。单击"确定"按钮确认，在颜色定义列表中自动为项目中所有房间名称生成颜色定义，完成后单击"确定"按钮，完成颜色方案设置，如图 10-10 所示。

图 10-10　颜色方案设置

> **提示**
>
> 在"编辑颜色方案"对话框中单击颜色列表左侧的向上、向下按钮可调整房间名称顺序。在"颜色"列中可以对自动生成的图例颜色进行更改,在"填充样式"列中可以对图例的填充样式进行更改。

（3）打开"基顶 - 房间图例"楼层平面视图,在"注释"选项卡的"颜色填充"面板中单击"颜色填充图例"工具 ☰,如图 10-11 所示,在"属性"面板中选择"楼层平面 - 基顶 - 房间图例"。

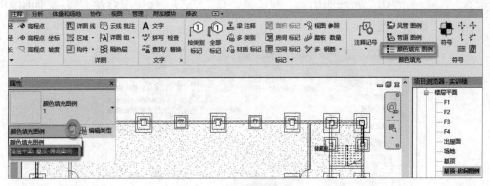

图 10-11　颜色填充图例

（4）切换视图样式为"线框" ▱。在楼层平面"属性"面板中,单击"颜色方案",设为上述的"方案 1"。在视图空白位置单击,放置图例,弹出如图 10-12 所示的"选择空间类型和颜色方案"对话框。选择"空间类型"为"房间",选择"颜色方案"为之前设定的方案,单击"确定"按钮,移动鼠标指针至视图中空白位置单击,放置图例。

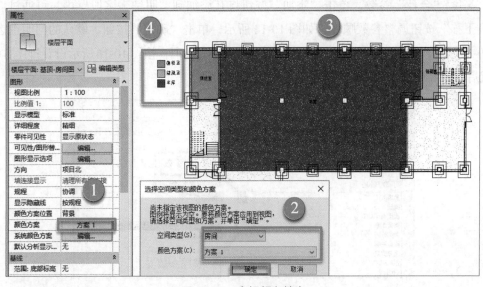

图 10-12　房间颜色填充

10.2　创建明细表

使用明细表工具可以统计项目中各类图元对象，生成各种样式的明细表。Revit 可以分别统计模型图元数量、材质数量、图纸列表、视图列表和注释块列表。在进行施工图设计时，最常用的统计表格是门窗统计表和图纸列表。接下来为实训楼项目创建门窗明细表。

教学视频：创建明细表

10.2.1　创建门明细表

（1）选择"视图"选项卡，在"创建"面板中单击"明细表"，在下拉列表中选择"明细表 / 数量"。弹出"新建明细表"对话框，在"类别"选项中选择"门"，如图 10-13所示，单击"确定"按钮。

图 10-13　新建门明细表

（2）弹出"明细表属性"对话框，在"可用的字段"列表里选择"族与类型""宽度""高度""合计"参数，单击"添加"按钮将其添加到"明细表字段"中，可通过"上移""下移"按钮调整参数顺序，如图 10-14 所示，单击"确定"按钮。默认的门明细表如图 10-15 所示。选择"属性"面板中的"排序/成组"选项，按图 10-16 所示设置排序方法。完成后的门明细表如图 10-17 所示。

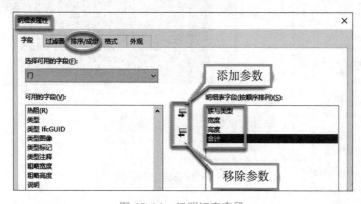

图 10-14　门明细表字段

图 10-15　默认门明细表

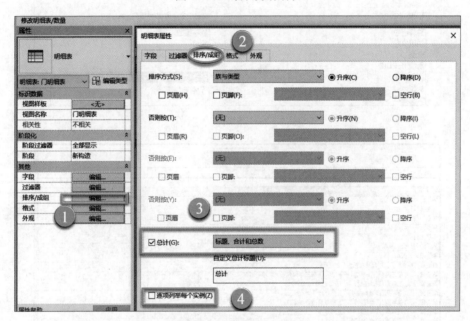

图 10-16　门明细表属性

图 10-17　门明细表

10.2.2　创建窗明细表

窗明细表创建方法与门明细表相似。新建窗明细表，如图 10-18 所示，再调整窗明细表字段的顺序，如图 10-19 所示。按图 10-16 所示的方法设置窗明细表的属性，完成后如图 10-20 所示。

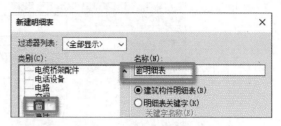

图 10-18　新建窗明细表

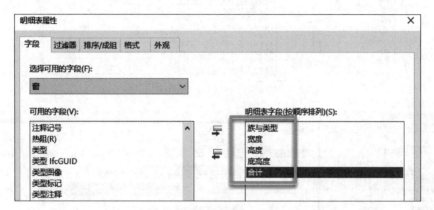

图 10-19　窗明细表字段

A	B	C	D	E
族与类型	宽度	高度	底高度	合计
单层三列: GLC2709a	2780	900	500	1
单层三列: GLC3109a	3180	900	500	5
单层三列: GLC3209a	3220	900	500	1
单层三列: GLC3409a	3480	900	500	3
单层三列: GLC3809a	3880	900	500	1
单层双列: GLC1509	1500	900	500	4
单层双列: TLC1518	1500	1800	900	3
窗底板_70-90 系列双扇推拉铝窗: 90 系列	800	882		2
组合窗 - 双层三列(开开+固定+平开): c2720a	2700	2000	900	9
组合窗 - 双层单列(四扇推拉) - 上部双扇: TLC3120a	3180	2000	900	3
组合窗 - 双层单列(四扇推拉) - 上部双扇: TLC3220a	3220	2000	900	3
组合窗 - 双层单列(四扇推拉) - 上部双扇: TLC3420a	3480	2000	900	21
组合窗 - 双层单列(四扇推拉) - 上部双扇: TLC3820a	3880	2000	900	6
组合窗 - 双层单列(固定+推拉): C1520	1500	2000	900	6
总计: 68				

图 10-20　窗明细表

10.3　创建图纸

在 Revit 中可以将项目中多个视图或明细表布置在同一个图纸视图中，形成用于打印和发布的施工图纸。Revit 可以将项目中的视图、图纸打印或导出为 CAD 格式。接下来为本实训楼创建图纸。

教学视频：
创建图纸

10.3.1　创建平面图、立面图、剖面图

（1）创建平面图。复制视图，右击"项目浏览器"的"F1"楼层平面视图，按图 10-8 所示的方法复制一个视图，命名为"F1 平面布置图"。选中复制的视图，然后单击属性面

板中的"编辑类型"按钮，打开"类型属性"对话框。单击"复制"按钮，命名为"图纸"，如图 10-21 所示。单击"确定"按钮后，"F1 平面布置图"平面已经被移动到一个单独的楼层平面分类下。

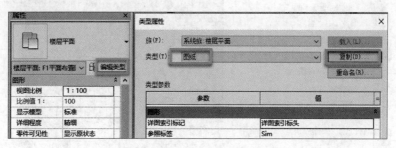

图 10-21 楼层平面类型设置

（2）为了保证视图的整洁美观，在出图时可将不需要的图元隐藏。单击"属性"面板中的"可见性/图形替换"，或按快捷键【VV】，打开"可见性/图形替换"对话框。在"可见性/图形替换"对话框中，切换至"模型类别"选项卡，不勾选当前视图中的地形、场地、植物和环境等类别，切换至"注释类别"选项卡，不勾选当前视图中的参照平面等不必要的对象类别，如图 10-9 所示。

（3）此时门窗均不可见，单击"属性"面板中的"视图范围"按钮，将"剖切面"中的"偏移"调整为"1000"，"底部"和"视图深度"中的"偏移"调整为"−1500"，如图 10-22 所示。此时，门窗和车库底板的独立基础均为可见。

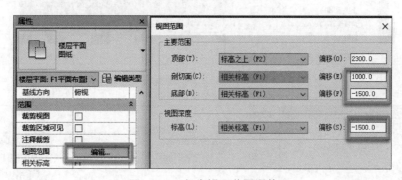

图 10-22 门窗视图范围调整

（4）接下来隐藏独立基础。右击独立基础，选择全部实例的"在视图中可见"命令，如图 10-23 所示。右击任意一个基础，选择在视图中隐藏"图元"命令，如图 10-24 所示。按上述方法隐藏其他基础。

（5）为平面布置图添加注释。首先按照图 10-6 所示的方法为"F1 平面布置图"添加房间名称。然后添加高程符号，在"注释"选项卡的"尺寸标注"面板中单击"高程点"工具 ，在"属性"面板的"类型选择器"中选择"三角形不透明（相对）"，按图 10-25 所示进行属性设置。设置完成后为房间添加高程点，在房间空白处双击即可添加高程点，如图 10-26 所示。

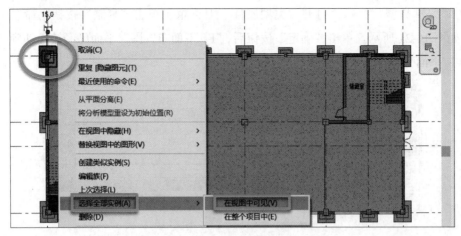

图 10-23　选择全部实例

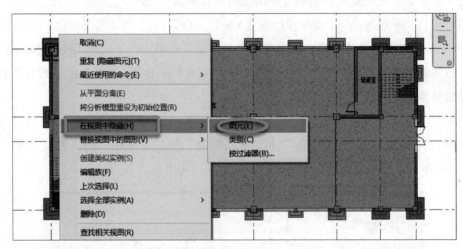

图 10-24　隐藏图元

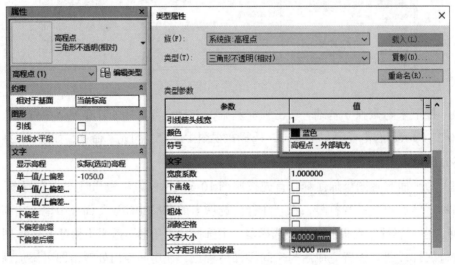

图 10-25　高程点属性

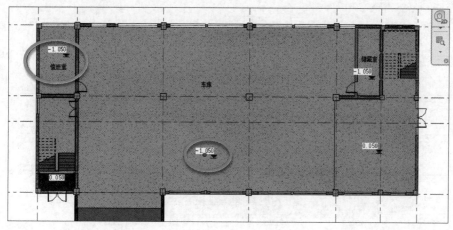

图 10-26 添加高程点

（6）进行尺寸标注。在"注释"选项卡的"尺寸标注"面板中单击"对齐"工具 ，依次对各个方向进行标注。完成后如图10-27所示。用上述方法创建其他楼层的平面布置图。

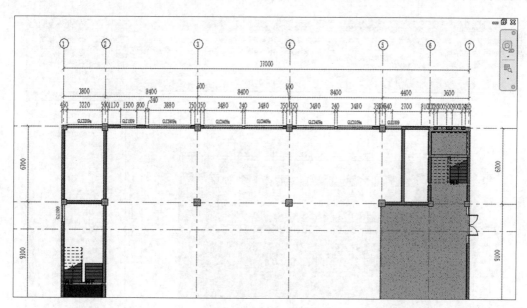

图 10-27 尺寸标注

（7）创建立面图。复制一个东立面视图，"类型"属性改为"图纸"，隐藏不需要的图元，调整标高和轴网的位置，进行尺寸标注，完成后如图 10-28 所示。按上述方法创建其他立面视图。

（8）创建剖面视图。切换至"F1 平面布置图"，在"视图"选项卡的"创建"面板中单击"剖面"工具 ，在 B 轴线和 C 轴线之间创建剖面，重新命名为"1—1"，如果弹出如图 10-29 所示的警告窗口，用快捷键【VV】，打开剖面：1—1 的"可见性/图形替换"对话框，在"可见性/图形替换"对话框中，切换至"注释类别"选项卡，勾选当前视图中的剖面。

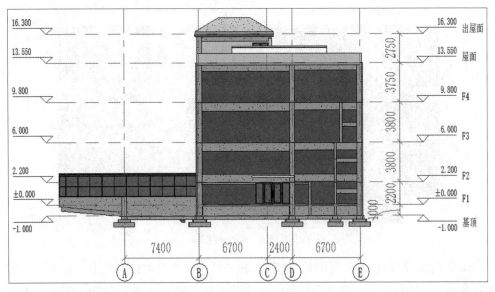

图 10-28　东立面

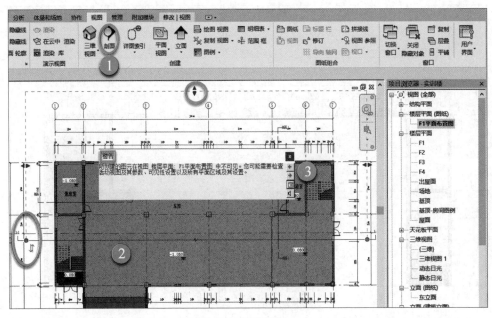

图 10-29　创建剖面 1—1

（9）剖面创建完成后，右击选择"转到视图"，在"可见性 / 图形替换"命令中不勾选不需要的图元，对"楼板""结构基础"和"框架"等进行截面填充设置，颜色设为"灰色"，填充图案设为"混凝土 - 钢砼"，如图 10-30 所示。在剖面视图中，可以通过拖曳图 10-29 所示的三角（软件中显示为蓝色），调整剖面的视图深度，通过拖曳图 10-31 所示的蓝色圆点调整剖面的视图范围。完成后将剖面视图"属性"面板中的"裁剪视图"和"裁剪区域可见"取消勾选。对剖面图进行尺寸标注，完成后如图 10-32 所示。其他剖面图参照此方法创建。

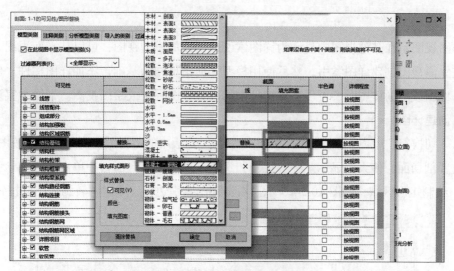

图 10-30 截面填充设置

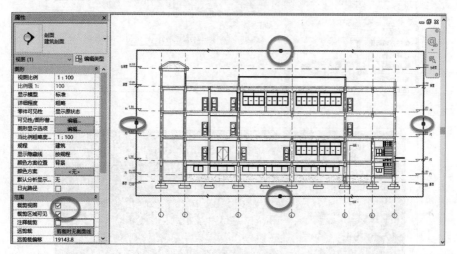

图 10-31 剖面 1—1 范围调整

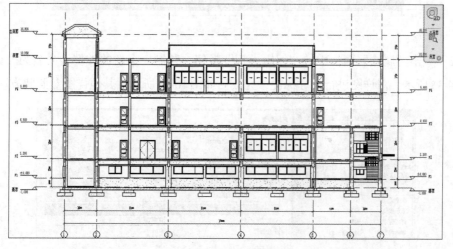

图 10-32 1—1 剖面视图

10.3.2 创建详图

详图视图是在其他视图中显示为详图索引或剖面的模型视图，可以从平面视图、剖面视图或立面视图创建详图索引，然后使用模型几何图形作为基础，添加详图构件。创建详图索引详图或剖面详图时，可以参照模型中的其他详图视图或绘图视图。下面为实训楼屋顶天窗创建详图。

（1）切换至"屋顶"平面视图，单击"属性"面板中的"视图范围"按钮，按图 10-33 所示设置剖切面，使天窗显示。在"视图"选项卡的"创建"面板中单击"详图索引"工具，绘制矩形区域，如图 10-34 所示。右击详图索引边框，单击"转到视图"按钮。

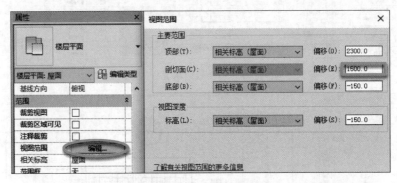

图 10-33　屋面视图范围调整

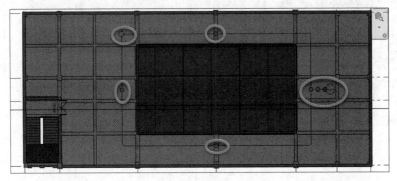

图 10-34　创建详图索引

（2）单击"属性"面板中的"编辑类型"按钮，复制一个新的类型，命名为"详图"，如图 10-35 所示，对详图进行尺寸标注，完成后如图 10-36 所示。其他详图参照此方法创建。

图 10-35　详图

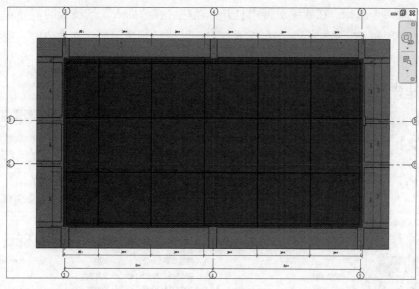

图 10-36　天窗详图

10.3.3　创建图框标题栏

标题栏是一个图纸样板，通常包含页面边框以及有关设计公司的信息，例如，公司名称、地址和徽标。标题栏还显示有关项目、客户和各个图纸的信息，包括发布日期和修订信息。

（1）在"视图"选项卡的"图纸组合"面板中单击"图纸"工具 📄，选择"A3"标题栏，如图 10-37 所示。双击右侧信息，可以进入族编辑状态，按照需要进行修改和调整即可。

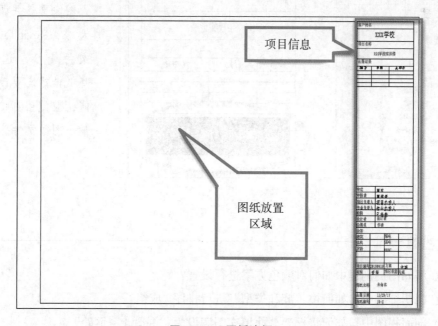

图 10-37　图纸边框

（2）准备一个徽标，在族编辑器中打开标题栏。在"插入"选项卡的"导入"面板中单击"图像"按钮 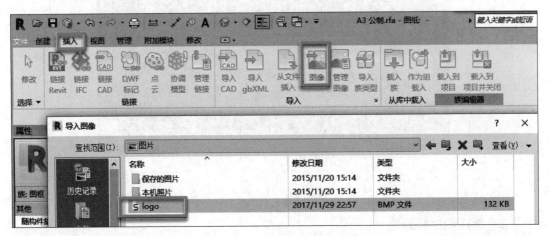。在"导入图像"对话框中，定位到该图像文件的位置，选择图像文件，然后单击"打开"按钮，如图 10-38 所示。单击放置图像，单击"载入到项目"按钮，如图 10-39 所示。

图 10-38 标题栏插入图形

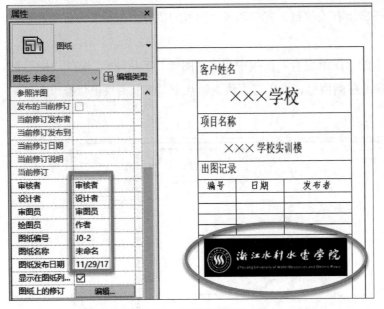

图 10-39 标题栏图形导入

提示

在标题栏中导入的图像大小应合适。如果在标题栏中载入大图像文件并调整其大小，Revit 会使大文件变小，这样会降低性能。要改进性能，应使用可接受的最小图像文件。

—— 习题 ——

1. 在房间图例创建中如何对颜色方案进行设置？

2. 在门明细表中，如何按"族和类型"进行排序／成组？

3. 在剖面视图中，如何将框架截面填充图案设为"混凝土 - 钢砼"？

第11章 模型导出

Revit 的动态设计功能可保证模型与图纸的一致性，一处修改，处处更新；前面已经完成了模型创建和图纸布局，本章将基于前面创建的模型导出为其他格式的文件，最大限度地体现模型的价值。

教学视频：
模型导出

11.1 导出为 DWG 文件

DWG 格式的文件是目前使用较多的，也是目前设计单位不同专业协同设计、指导现场施工的参考依据；接下来讲解 CAD 文件导出的基本流程。

第 11 章配
套模型下载

1. 导出命令

单击应用程序菜单下方的"文件"选项，弹出应用程序菜单列表，在应用程序菜单选择"导出"选项，可弹出"创建交换文件并设置选项"对话框，如图 11-1 所示。

弹出的对话框列表中提供了多种导出的文件类型，以"CAD 格式"为例，包含 DWG、DGN、DXF 的文件格式。

拾取到 CAD 格式，在弹出的列表中选择"DWG"选项，可导出 DWG 格式的文件，如图 11-2 所示。

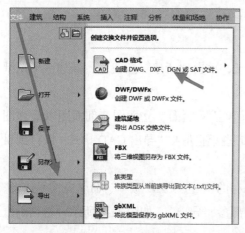

图 11-1 导出 CAD 格式

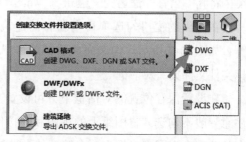

图 11-2 选择导出格式

2. 导出设置

在 Revit 中没有图层的概念，而 CAD 图纸中图元均有自己所属的图层，在导出时可对图层进行设置，单击"DWG 导出"对话框→"选择导出设置"后方的 ▣ 按钮进入"修改 DWG/DXF 导出设置"窗口，如图 11-3 所示。

图 11-3　导出设置

在"修改 DWG/DXF 导出设置"对话框中，可通过右下方的 ▣ 按钮新建样式，如图 11-4 所示。

单击"确定"按钮完成新样式的创建，在选项中可依次对导出的层、线、填充图案、文字和字体、颜色、实体、单位和坐标进行设置，如图 11-5 所示；设置完成后，单击"确定"按钮关闭"修改 DWG/DXF 导出设置"对话框，并在 DWG 导出窗口中的"选择导出设置"下拉列表选择刚刚设置的样式作为导出样式。

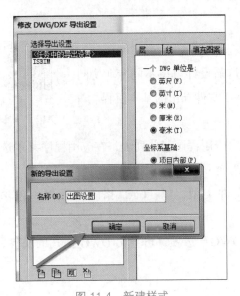

图 11-4　新建样式

类别	投影		
	图层	颜色 ID	图层修改器
模型类别			
MEP 预制管道	P-PIPE	3	
HVAC 区	M-ZONE	51	
MEP 预制保护层	E-CABL-T...	211	
MEP 预制支架	Z-MNTG	3	
MEP 预制管网	M-HVAC-...	70	
专用设备	Q-SPCQ	91	
体量	A-MASS	70	
停车场	C-PRKG	70	
光栅图像	G-ANNO-...	1	
卫浴装置	P-SANR-F...	6	
路刹	E-SPRN	2	

图 11-5　新样式编辑

3. 图集设置

默认情况下，软件会以当前视图作为导出图纸，单击"新建"按钮 ▣，新建一个图纸集，将其"名称"命名为"建筑"，如图 11-6 所示。

在弹出的窗口勾选项目中所有的建筑图纸，包括平面图、立面图、剖面图以及详图等，如图 11-7 所示。勾选完成后，单击"下一步"按钮进入"导出 CAD 格式 - 保存到目标文件文件夹"对话框。

在设置保存位置的对话框下方可设置文件保存的位置、CAD 版本、命名方式等信息，注意一般不勾选"将图纸上的视图和链接作为外部参照导出"，如图 11-8 所示，否则图纸中的每一个视图都将作为一个单独的文件被导出。

图 11-6　新建集

图 11-7　添加图纸

　　浏览至需要保存图纸的文件夹保存图纸文件，在出图时，经常会将不必要的图元进行隐藏，如果采用的是临时隐藏隔离，在导出时会弹出"临时隐藏/隔离中的导出"提示对话框，如图 11-9 所示，在这里需要选择"将临时隐藏/隔离模式保持为打开状态并导出"，如果选择的不是此项，视图中的隐藏隔离不仅会在导出的图纸中失效，并且会在项目中重新显示出来。

图 11-8　导出目标位置

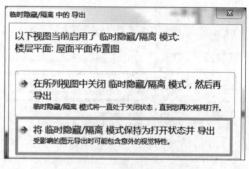

图 11-9　临时隐藏/隔离

提示

　　一般情况下，出图前在视图控制栏中单击 按钮，然后在弹出的窗口选择"将隐藏/隔离应用到视图"选项，如图 11-10 所示，避免导出图纸时操作失误引起的重复工作。

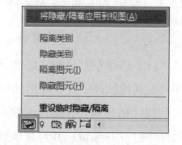

图 11-10　将隐藏/隔离应用到视图

11.2　导出为 NWC 文件

　　在 Revit 中模型容量一般较大，模型文件大小一般为几十兆或几百兆字节，在浏览时会出现不流畅的现象，在实际工程中，常将模型导入 Navisworks 中进行多专业模型的整合及轻量化浏览。NWC 格式是从 Revit 到 Navisworks 的缓冲轻量化文件。

在应用程序菜单下方单击"文件"，选择"导出"，在弹出的列表中选择"NWC"格式，如图 11-11 所示。

> **提示**
>
> 　如果没有安装 Naviswoks 软件则不会出现导出 NWC 选项。应先安装 Revit、后安装 Navisworks 才能正常使用此功能。

在弹出的"导出的场景为"窗口中可对文件名称及保存位置进行设置，单击左下方的"Navisworks 设置"选项，可弹出"Navisworks 选项编辑器 - Revit"设置对话框，如图 11-12 所示。

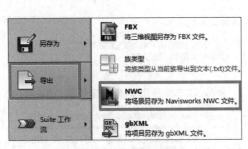

图 11-11　导出 NWC

图 11-12　Navisworks 设置

11.3　导出为其他格式文件

11.3.1　导出 FBX/IFC 文件

（1）选择左上角的文件"导出"，可选择 FBX 或 IFC 文件格式，如图 11-13 所示；文件可在其他软件中查看导出的相关文件或编辑；但编辑或查看的过程中需要明确与之前的模型构件相比是否有构件的缺失。比如能够通过 Revit 导出 IFC 文件，在其他设计或分析软件中打开并编辑；并且其他软件能够通过构件的信息进行"再生"，这样就不怕构件的缺失。反之有时在 Revit 打开 IFC 文件会造成构件的缺失，原因是软件之间族可能不同，Revit 无法识别其他软件的构建类型。

（2）Revit 也支持其他格式，导出的方式都是一样的。能够导出只能查看对于 BIM 来说不是首要的；能够明确构件的信息才是 BIM 的所需。将导出的格式文件命名或者选择存放的位置。

IFC 是国际通用的 BIM 标准格式，在导出时其对话框为英语，如图 11-14 所示，设置方式与其他的设置相似，在此不再赘述。

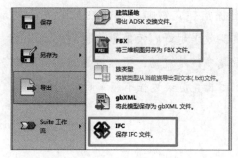

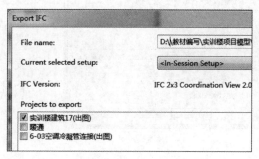

图 11-13　导出 FBX/IFC　　　　　　　　　　图 11-14　IFC 设置

11.3.2　导出动画与图像

导出动画首先应会制作漫游动画。选择三维视图中的"漫游"，在需要制作漫游的建筑物或者场景中设置漫游的轨迹，单击工具栏中的"确定"按钮完成漫游，所制作的漫游就会出现在项目浏览器中的漫游选项，选择左上角的文件"导出"动画即可。

导出图像首先应制作图像，也就是会导出"渲染"的场景并制作图像。选择"视图"→"三维视图"中的"相机"，放置平面视图，拖动选择角度以及需要渲染的范围；然后会自动显示一个视图。此时可手动拖动剖面框加大或缩小视图范围，也可在剖面框中按【Shift】键选择建筑场景的角度。

最后在工具栏的"视图"中单击"渲染"按钮，会跳出一个矩形页面，根据需要的背景设置日光等参数，最后渲染。渲染好以后保存到项目中，设置结果可在"项目浏览器"中可查看。

选择导出图像（图 11-15），在弹出的"导出图像"对话框可对图像进行设置，如图 11-16 所示。

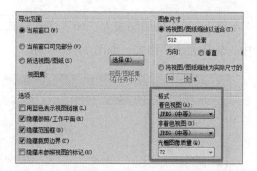

图 11-15　导出图像和动画　　　　　　　　　图 11-16　导出设置

导出漫游需要在项目中创建一个漫游，在导出时，弹出"长度 / 格式"对话框，可对导出的帧、导出视觉样式、分辨率大小进行设置，如图 11-17 所示。勾选"包含时间和日期戳"复选框，将会在视频中添加时间和日期水印。

图 11-17　长度 / 格式

> **提示**
>
> 　　导出视觉样式影响到导出视频的显示效果，越真实效果越好。帧数影响视频的流畅程度，帧数越多，越流畅，视频质量越高，渲染的时间也越长。渲染过程不能中断。

11.3.3　导出明细表

　　明细表有两种导出方式，一种是将明细表拖曳至图纸中，和图纸一起导出为 DWG 格式或打印为 PDF 格式；另一种是通过应用程序菜单中的导出报告功能进行导出。

　　第一种导出方式可参照图纸导出的内容。本章以门窗明细表为例，讲解报告导出的方法。单击左上角的"文件"，选择"导出"，在弹出的列表中选择"报告"选项，如图 11-18 所示。

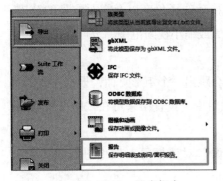

图 11-18　导出报告

> **注意**
>
> 　　导出明细表时需打开明细表，否则在导出明细表时会显示灰色，无法导出，需新建或复制一个新的明细表类型。

　　Revit 导出的明细表为"txt"文本格式，如图 11-19 所示，可将文本复制到 Excel 表格中，转换为表格格式，如图 11-20 所示。

图 11-19　文本格式

门明细表 副本 1				
编号	洞口尺寸		数量	备注
	宽度	高度		
FM1519乙	1500	1900	1	双扇平开防火门
FM1521乙	1500	2100	4	双扇平开防火门
FM1821乙	1800	2100	3	双扇平开防火门
M0921	900	2100	6	卫生间门
M0921	900	2100	16	单扇木门
M1021	1000	2100	2	单扇木门
M1221	1200	2100	1	单扇木门
M1519	1500	1900	1	双扇平开玻璃门
M1821	1800	2100	1	双扇平开玻璃门
MC1	3240	2100	2	MC1
无横档	2333	1940	1	门嵌板_双嵌板无框铝门
门嵌板_单开	1142	1940	2	门嵌板_单开门1
总计: 40				

图 11-20　表格格式

11.4　图纸打印

Revit 可将项目中的图纸进行打印。

安装了 PDF 与虚拟打印机后，选择左上角文件中的"打印"，设置与图框所匹配的纸张的尺寸，也可根据需求设置打印图纸的方向纵向或横向。

安装了 PDF 阅读器与虚拟打印机后，选择左上角文件中的"打印"，如图 11-21 所示，在弹出的"打印"窗口设置打印机，在"文件"位置勾选"将多个所选视图 / 图纸合并到一个文件"，并设置保存位置，然后在"打印范围"选择需要打印的内容，如图 11-22 所示。

> **提示**
>
> 如打印时勾选的是"创建单独的文件"，则每章图纸单独打印出来。

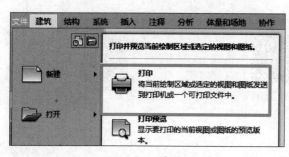

图 11-21　打印

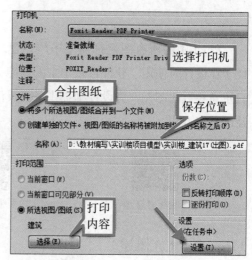

图 11-22　打印设置

单击"设置"按钮，弹出"打印设置"对话框，如图 11-22 所示，可对打印的纸张、页面位置、已经打印颜色进行设置，并对修改的设置进行保存；一般情况下可不做设置，直接单击"确定"按钮，完成图纸打印。

—— 习题 ——

Revit 模型可以导出哪几种格式？

第 12 章　参数化族

Revit 中的所有图元都需基于族创建。在进行族设计时，可以赋予不同类型的参数，便于在设计时使用。软件自带丰富的族库，同时也提供了新建族的功能，可根据实际需要自定义参数化图元，为设计师提供了更灵活的解决方案。本章将基于可载入族来讲解族创建的基本方法。

第 12 章配套模型下载

教学视频：本章预习 1

教学视频：本章预习 2

12.1　Revit 族概述

在 Revit 中，族（Family）是构成项目的基本元素。同一个族能够定义为多种不同的类型，每种类型可以具有不同的尺寸、材质或其他参数变量，通过族编辑器，不需要编程语言，就可以创建参数化构件。基于族样板族可为图元添加各种参数，如距离、材质、可见性等。

教学视频：
Revit 族概述

族是制约 BIM 发展的一大瓶颈，使用时经常需要软件自带的标准构件。在 Revit 建模时，不同应用深度对族的精细程度要求不同，掌握族的创建方法有助于对项目进行精细化设计。

12.1.1　族分类

常见的族主要按使用方式和图元的类别两种方式来进行分类。

1. 按使用方式

族按使用方式不同分为系统族、可载入族以及内建族三个类别，如表 12-1 所示。

表 12-1　族类别及特点

族类别	创建方式	传递方式	示例
系统族	样板自带，不能新建	可在项目间传递	墙族：基本墙、叠层墙、幕墙楼板、天花板、屋顶
可载入族	基于族样板创建	通过构件库载入	门、窗、柱、基础
内建族	在当前项目中创建	仅限当前项目使用	当前项目特有的异形构件

第 12 章　参数化族 | 205

系统族是在 Revit 项目样板中定义的族，不同样板的系统族有所不同。例如，建筑样板中墙体的系统族包含基本墙、叠层墙和幕墙三个类别；在建模时可以复制和修改现有系统族，但不能创建新系统族。在编辑系统族时，"载入"功能显示为灰色，不能使用，如图 12-1 所示，但系统族可通过传递项目标准在不同项目中传递。

可载入族是构件库中的图元，在不同项目样板中包含不同的构件，例如，建筑样板中默认载入了门窗、幕墙竖梃等图元，结构样板中默认载入了钢筋形状图元。建模时，可以通过"载入族"将构件中的可载入族载入项目中使用，如图 12-2 所示；也可以基于族样板（Family Templates）进行创建，然后载入族或项目中使用。

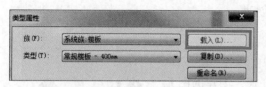

图 12-1　系统族不可载入

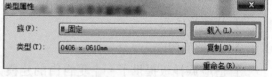

图 12-2　可载入族

内建族是在特定项目中使用的族，只能通过"构件"工具下拉菜单中的"内建模型"进行创建，如图 12-3 所示，不能在其他项目中进行使用；内建族常用于当前项目特有图元的建模，例如室外台阶、散水、集水坑等。

图 12-3　内建族

内建族与外建族的创建方式相似，本章将以外建族的创建方式为例来进行讲解。

2. 按图元特性

族按照图元特性分为模型类、基准类、视图类三个类别。模型类主要是指三维构件族，例如常见的墙、门窗、楼梯、屋顶等；基准类主要是指用于定位的图元，包括轴网、标高、参照线等；视图类是指在特定视图使用的一些二维图元，例如文字注释、尺寸标注、详图线、填充图案等。

12.1.2　族样板

在 Revit 中新建族与新建项目一样，均需基于样板来进行创建，族样板是创建族的初始状态，选择合适的样板会极大提升创建族的效率，如图 12-4 所示。

1. 标题栏类

标题栏族样板主要用于创建图框，包含 A0、A1、A2、A3、A4 五种图幅的图框尺寸，可以基于此类样板创建自定义的图纸图框。

图 12-4　族样板

2. 注释类

注释类族样板主要用于创建平面标注的标签符号图元，例如构件标记、详图符号等。

3. 三维构件类

1）常规三维构件

常规三维构件族样板用于创建相对独立的构件类型，例如公制常规模型、公制家具、公制结构柱等。

2）基于主体的三维构件

基于主体的三维构件族主要用于创建有约束关系的构件类型。主体包含墙、楼板、天花板等，例如公制门、公制窗均是基于墙进行创建。

4. 特殊构件类

1）自适应构件

自适应族样板提供了一个更自由的建模方式，创建的图元可根据附着的主体生成不同的实例，例如不规则的幕墙嵌板可采用自适应构件进行创建。

2）RPC 族

RPC 族样板可将二维平面图元与渲染的图片结合，生成虚拟的三维模型，模型形式状态与视图的显示状态有关，如图 12-5 所示。

(a) 着色模式　　(b) 真实模式

图 12-5　RPC 族实例

12.1.3　族定位

在建族时可通过参照平面进行定位，X、Y、Z 三个方向的参照平面即可确定族的放置位置。首先，通过公制常规模型样板新建一个族，如图 12-6 所示。

样板中已经创建了中心（前 / 后）、中心（左 / 右）、与参照标高重合的三个参照平面。接下来，在"创建"选项卡的"基准"面板中选择"参照平面"命令，如图 12-7 所示，在弹出的绘制面板中通过工具绘制四个参照平面，创建完成的参照平面如图 12-8 所示。

图 12-7　新建参照平面

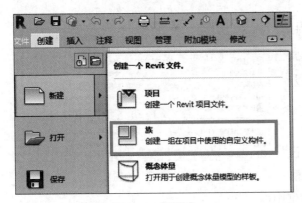

图 12-6　新建族

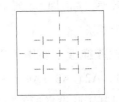

图 12-8　参照平面创建完成

在"创建"选项卡的"形状"面板中单击"拉伸"按钮，创建一个简单的几何形状，并单击 按钮将形状的边界与参照平面锁定，如图 12-9 所示。

(a) 拉伸命令

(b) 矩形绘制工具

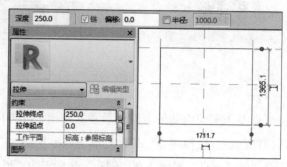

(c) 绘制模型线

图 12-9　创建几何形状

单击 按钮完成几何形状的创建，选中样板中自带的两个参照平面：中心（前/后）、中心（左/右），此时可以看到，属性栏的"其他"面板中定义原点显示为 ，如图 12-10 所示；同样选中新建的四个参照平面，此位置属性显示为 ，如图 12-11 所示；表示中心（前/后）与中心（左/右）两个参照平面的相交位置为当前族放置的基点。

在"修改"选项卡的"族编辑器"面板中通过"载入到项目"命令（图 12-12），将族载入项目中，放置族构件时，鼠标光标将位于参照平面的交点。

图 12-10　定义原点

图 12-11　非定义圆点

图 12-12　载入到项目

同样可以将新建的参照平面设置为"定义原点"，放置时的基准点也会发生相应的改变，需要注意的是，平行的若干个参照平面只能有一个平面被定义为原点，指定新的平行面为原点，上一个被定义为原点的参照平面将自动取消。

12.2　族创建工具

Revit 提供五种创建实心、空心形状的方式，分别为拉伸、融合、旋转、放样、放样融合，如图 12-13 所示。配合这五种基本工具可创建出复杂的族类型，本节主要介绍这五种工具创建模型的基本原理。

教学视频：族创建工具

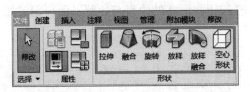

图 12-13　族创建基本工具

12.2.1　拉伸

拉伸可以基于平面内的闭合轮廓沿垂直于该平面方向创建几何形状，确定几何形状的要素包括拉伸起点、拉伸终点、拉伸轮廓、基准平面。

切换至"参照标高"平面，在"创建"选项卡的"形状"面板中单击"拉伸"按钮，在"修改 | 创建拉伸"选项卡中选择适当的工具绘制轮廓，如图 12-14 所示。

在属性栏中设置拉伸起点为"−300"、拉伸终点为"300"，如图 12-15 所示，单击"模式"面板中的 ✔ 按钮完成拉伸，切换至三维视图中查看模型，如图 12-16 所示。

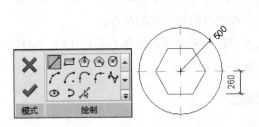

图 12-14　创建拉伸轮廓

图 12-15　设置拉伸端点

图 12-16　完成拉伸

12.2.2　融合

融合是在两个平行的平面分别创建不同的封闭轮廓形成三维模型，融合的要素包括平行且不在同一平面的两个封闭轮廓。

同样，切换至参照标高，在"创建"选项卡的"形状"面板中单击"融合"按钮，在"修改 | 创建融合"选项卡中选择多边形工具按钮 ⬡ 绘制底部轮廓，此时可以看到完成按钮显示为灰色，单击"编辑顶部"按钮，选择椭圆按钮 ⬭ ，绘制顶部轮廓，如图 12-17 所示。

接下来，在属性栏修改第二端点（即顶部轮廓）为"300"，第一端点（即底部轮廓）为 0，单击"完成"按钮 ✔ ，生成三维模型，如图 12-18 所示，切换至三维视图查看。

图 12-17　编辑顶部

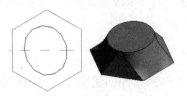

图 12-18　融合生成三维模型

12.2.3　放样

放样是通过闭合的平面轮廓按照连续的放样路径生成三维模型的建模方式。

切换至参照标高，在"创建"选项卡→"形状"面板中单击"放样"按钮，在"修改 | 创建放样"选项卡中提供了两种路径创建方式：绘制路径和拾取路径，并且轮廓为灰色，无法编辑。如图 12-19 所示，绘制路径主要用于创建二维路径，拾取路径可基于已有图元创建三维路径。

选择绘制路径，在"修改 | 放样"→"绘制路径"选项卡中单击 ～ 按钮绘制样条曲线，绘制完成后单击 ✔ 按钮完成路径创建；此时编辑轮廓为高亮显示，单击"编辑轮廓"按钮，弹出"转到视图"对话框，选择"三维视图"，单击"打开视图"按钮，如图 12-20 所示。

图 12-19　放样路径

图 12-20　转到视图

基于放样中心点绘制放样轮廓，如图 12-21 所示，单击 ✔ 按钮完成轮廓绘制，再次单击 ✔ 按钮完成放样形状，如图 12-22 所示。

图 12-21　绘制轮廓

图 12-22　放样完成

需要注意的是，在放样时，轮廓与路径必须满足一定的几何约束条件，否则会弹出不能忽略的错误报告，无法生成几何形状。

12.2.4　放样融合

顾名思义，放样融合结合了放样与融合的特点，可以将两个不在同一平面的形状按照指定的路径生成三维模型。

在"创建"选项卡的"形状"面板中单击"放样"按钮，在"修改 | 放样融合"选项卡中可以看到绘制路径、选择轮廓 1、选择轮廓 2 等选项，依次创建路径、起点轮廓、终点轮廓，单击 ✔ 按钮完成放样融合，如图 12-23 所示，完成后如图 12-24 所示。

图 12-23　创建放样融合

图 12-24　完成放样融合

12.2.5　旋转

旋转工具可使闭合轮廓绕旋转轴旋转一定角度生成三维模型。旋转的要素主要为旋转轴和旋转边界，如图 12-25 所示。

在"修改｜创建旋转"选项卡中有绘制边界线及绘制轴线的工具，绘制完成后，在属性栏中设置旋转角度为 300°，单击 ✔ 按钮完成旋转，如图 12-26 所示。

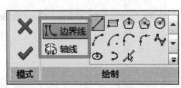
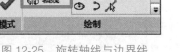

图 12-25　旋转轴线与边界线

图 12-26　创建旋转

12.2.6　空心形状

1. 创建空心形状

除了创建实心形状，Revit 还提供了五种空心形状的创建工具（图 12-27）：空心拉伸、空心融合、空心旋转、空心放样和空心放样融合，创建方法与实心类似。

教学视频：创建空心形状

首先通过拉伸命令新建一个 5000×5000×5000 的实心模型，在"创建"选项卡的"工作平面"面板中单击"显示"按钮，显示当前的工作平面，如图 12-28 所示。

将工作平面设置到其他平面后，创建空心拉伸，设置拉伸起点为 0，拉伸终点为 2000，单击 ✔ 按钮完成空心形状创建，可以看到空心形状已对实心形状进行了剪切，如图 12-29 所示。

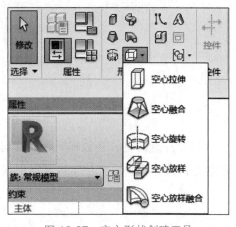

图 12-27　空心形状创建工具

2. 实心形状转换

除了直接创建空心形状，也可以先创建实心形状，然后转变为空心形状，最后对实心模型进行剪切。首先创建实心模型，在属性栏的"标识数据"中将"实心 / 空心"修改为"空心"，实心模型就可以转变为空心模型，如图 12-30 所示。

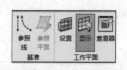

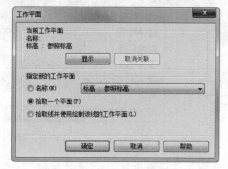

图 12-28　设置工作平面

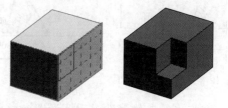

图 12-29　创建空心剪切

图 12-30　实心模型转变为空心模型

这时转换后的空心并没有剪切实心模型，需要通过"剪切"工具来修改，在"修改"选项卡的"几何图形"面板中单击"剪切"按钮，依次单击实心模型和空心形状，即可完成对实心模型的剪切，如图 12-31 所示。

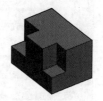

图 12-31　完成剪切

12.3　族参数

12.3.1　几何参数

几何参数主要用于控制构件的几何尺寸，一般包含长度、半径、角度等，几何参数可通过尺寸标签添加或通过函数公式计算。

教学视频：
几何参数

首先基于公制常规模型新建一个族，添加如图 12-32 所示的参照平面，并通过"注释"选项卡中的尺寸标注工具进行标注。然后在"创建"选项卡的"形状"面板中选择"拉伸"命令，创建如图 12-33 所示的拉伸轮廓，并将拉伸轮廓通过 按钮与参照平面锁定。

在属性栏的"约束"面板中单击"拉伸终点"后方的"关联族参数"按钮 ▯，如图 12-34 所示，进入"关联族参数"对话框，单击 ▯ 按钮新建一个族参数，如图 12-35 所示。

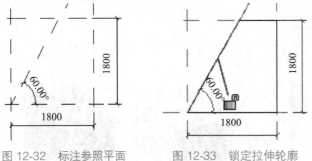

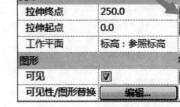

图 12-32　标注参照平面　　　　图 12-33　锁定拉伸轮廓　　　　图 12-34　关联拉伸终点参数

在弹出的参数属性对话框设置参数名称为"高度"，分组方式为"尺寸标注"，参数形式为"类型"，单击"确定"按钮完成"高度"参数的添加，如图 12-36 所示。单击 ✔ 按钮完成简单的拉伸模型。

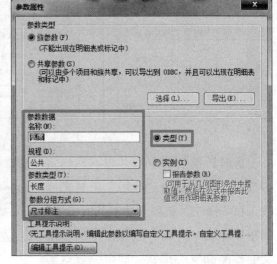

图 12-35　新建族参数　　　　　　　　　　图 12-36　添加高度参数

此时在"属性"面板中单击"族类型"按钮，弹出的族类型窗口中可以看到高度参数为"250"，将"值"修改为"500"，如图 12-37 所示。单击"确定"按钮完成高度参数的修改，模型尺寸也会发生相应变化。

除了通过"关联族参数"按钮添加参数以外，还可以通过添加标签来新增参数，首先选择新建好的尺寸标注，在"修改 | 尺寸标注"选项卡的"标签尺寸标注"面板中单击 ▤ 按钮新建尺寸参数，如图 12-38 所示。

重复此步骤，分别添加角度、长度、宽度参数，添加完成后切换至族类型中查看，如图 12-39 所示。

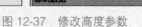

图 12-37 修改高度参数

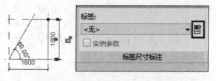

图 12-38 新建尺寸参数

公式列修改长度值为"= 宽度 +500mm"即可将长度与宽度进行关联，如图 12-40 所示，调整参数值，模型也会发生相应的改变。

图 12-39 尺寸添加完成

参数	值	公式	
尺寸标注			
宽度	1800.0	=	
角度	60.00°	=	
长度	2300.0	=宽度 + 500 mm	
高度	500.0	=	
标识数据			

图 12-40 调整参数

12.3.2 材质参数

添加材质参数后，可对族赋予不同的材质，材质参数的添加方式与尺寸参数添加方式相同，首先选择需要添加材质的几何模型，在"属性"栏的"材质和装饰"选项后单击"关联族参数"按钮，单击 按钮，新建材质参数，如图 12-41 所示。

图 12-41 关联材质参数

教学视频：其他参数

设置材质名称为"模型材质"，参数类型为"类型"，参数分组为"材质和装饰"，如图 12-42 所示。单击"确定"按钮完成材质参数的添加。

在"族类型"的"材质和装饰"选项栏中单击 按钮，修改材质为"CMU，轻质"，单击"确定"按钮完成材质添加，如图 12-43 所示。

图 12-42 参数属性

图 12-43 关联材质

12.3.3　其他参数

其他参数种类多，按规程分为公共、结构、HAVC、电气、管道、能量等，不同的规程下又包含多种参数类型。

在族类型对话框底部单击  按钮，进入参数属性对话框，添加新的参数，如图 12-44 所示。同样也可以对已创建的参数进行编辑、删除以及位置的移动。

参数的添加方法与前面讲解的步骤一致，在这里需要注意，前面主要讲解的是类型参数的添加，同样可以对实例参数进行添加，如图 12-45 所示，在使用时根据实际情况进行选择。

图 12-44　新建参数　　　　　　　　　　　　图 12-45　实例参数

以门为例，实例参数在项目中显示在属性列表中，修改实例参数，只会修改当前选中的门的参数值，例如门的底高度、标高等，如图 12-46 所示。

类型参数需要通过属性栏的"编辑类型"进入类型属性对话框进行编辑，例如尺寸、材质等，如图 12-47 所示。

图 12-46　门实例参数

图 12-47　类型参数

12.4　其他设置

12.4.1　三维表达符号

三维符号可以创建模型表面上的一些数据标识，可用"创建"选项卡

教学视频：三维表达符号

中的"模型线"和"模型文字"工具来创建,如图 12-48 所示。

图 12-48 三维符号

三维表达符号与几何模型一样,可在平面、立面以及三维视图中显示。

12.4.2 平面表达符号

平面表达符号主要用于构件平面显示的表达,可用"注释"选项卡中的"符号线"工具来创建,如图 12-49 所示,例如门窗平面表达符号、门窗开启符号等。

平面表达符号一般只在当前视图可见,常常需要对原有模型的可见性进行编辑,如图 12-50 所示。

图 12-49 平面表达符号线

图 12-50 可见性设置

教学视频:平面表达符号

例如,幕墙嵌板的把手、管道的管件,其可见性均在精细模式下才可见,可以通过"族图元可见性设置"进行编辑,如图 12-51 所示。

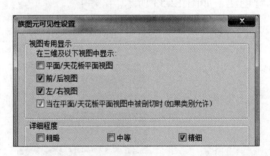

图 12-51 族图元可见性设置

12.4.3 翻转控件与连接件

控件用于对族方向进行翻转,在"创建"选项卡的"控件"面板中单击"控件"按钮,进入"修改 | 放置控制点"选项卡,在"控制点类型"面板中提供了"单向垂直""双向垂直""单向水平""双向水平"四种类型,单击适当位置放置控件,如图 12-52 所示。

教学视频:连接件与控件

图 12-52 控件

连接件是机电族的连接基准点,包括管道、电气、风管等连接件,是机电机械设备及管件的组成部分。

12.5 族创建实例

12.5.1 三维构件族创建实例

教学视频：三维
构件族创建实例

1. 新建族

选择族样板：单击应用程序菜单，选择"新建"，然后选择"族"，最后选择"公制机械设备 .rft"族样板，单击打开。

2. 绘制参照平面

打开前立面视图，在"创建"选项卡下选择"参照平面"，绘制两个平面，并调整距离。

3. 创建基本形状

通过实心拉伸，创建主体形状及顶部出风口形状，通过空心形状完成底座的剪切，并通过标签工具添加风管尺寸参数。

4. 添加水管及接线口

水管接口：选中"创建"选项卡中的"设置"，设置模型侧面为工作平面；单击绘制参照平面确定水管的位置，选择"拉伸"命令，分别创建三个圆柱（半径用参数控制），设置拉伸终点为 50，完成水管创建，如图 12-53 所示。

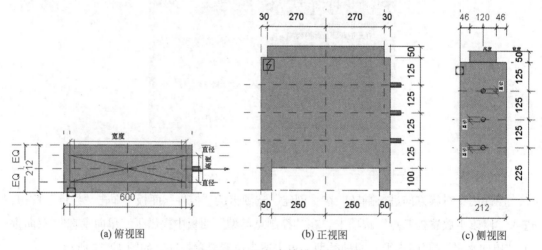

(a) 俯视图	(b) 正视图	(c) 侧视图

图 12-53 风机盘管模型示意

绘制电气接口：设置工作平面，选择"创建"选项卡→"空心形状"下拉菜单中的"空心拉伸"，编辑拉伸轮廓并锁定，将拉伸厚度设为 −2mm，通过模型线绘制"Z"形标识，完成电气接口创建。

5. 添加符号与连接件

选择"电气连接件"，添加到"Z"符号位置。在顶部风口位置添加"风管连接件"，侧面添加三个"管道连接件"，调整直径为 20，如图 12-54 所示。

6. 关联材质及尺寸参数

选择创建的连接件,将连接件的尺寸与添加的标签参数关联,保存风机盘管族,如图 12-55 所示。

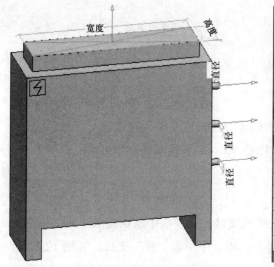

图 12-54　添加连接件

参数	值	公式
材质和装饰		
风机盘管材质	<按类别>	=
电气		
电压	220.00 V	=
电流	0.00 A	=
负荷分类	HVAC	=
电气 - 负荷		
输入功率	50.00 W	=
尺寸标注		
卫生设备直径	20.0	= 2 * 卫生设备半径
循环供水口直径	20.0	= 2 * 循环供水口半径
循环回水口直径	20.0	= 2 * 循环回水口半径
循环供水口半径	10.0	
卫生设备半径	10.0	
循环回水口半径	10.0	
风管宽度	540.0	=
风管高度	120.0	
标识数据		

图 12-55　参数设置

12.5.2　符号族创建实例

本小节以"详图标题"为例,讲解详图填充、详图线以及详图标签的添加方法。

1. 新建符号族

打开软件,基于"公制视图标题"族样板创建一个族文件,删除样板中的红色注释文字及黑色线条。在"创建"选项卡的"详图"面板中单击"填充区域",创建内径 8mm、外径 9mm 的圆环和宽度 1mm、长度 50mm 的粗实线填充,如图 12-56 所示。

在弹出的"修改│创建填充区域边界"选项卡中选择适当工具绘制实心填充的边界,如图 12-57 所示。单击 ✔ 按钮完成粗实线的创建。

用同样的方法,在粗实线下方 2mm 位置绘制一条详图线,完成族符号的创建。

图 12-56　填充区域

图 12-57　绘制轮廓

教学视频:符号族创建实例

2. 添加标签

在"创建"选项卡的"文字"面板中单击"标签"按钮,如图 12-58 所示。依次创建图纸编号、图纸名称、视图比例三个标签,并修改样例值分别为"01""卫生间详图""1∶20",修改字体为"仿宋",大小为"7mm"。

创建完成后，将族保存为"详图标题"，并载入项目中，创建完成的详图视图符号族如图 12-59 所示。

图 12-58　添加标签

图 12-59　详图族创建完成

12.5.3　轮廓族创建实例

教学视频：轮廓族创建实例

本小节以楼板边缘轮廓为例讲解轮廓族的创建方法，以及如何在项目中使用。轮廓族的使用类似于创建族时的"放样命令"，只是轮廓的路径可以为三维模型的边界。

1. 创建轮廓族

打开软件，选择"公制轮廓"样板创建一个族文件，族样板中默认提供了两个相交的参照平面，交点即为轮廓的放置点。在"创建"选项卡中单击"线"工具，如图 12-60 所示。绘制台阶状截面轮廓，如图 12-61 所示。

2. 轮廓族使用

将族保存为"3 级台阶"，载入空白项目中，绘制一个异形楼板，在楼板工具下拉列表中，单击"楼板：楼板边"工具，在弹出的属性栏中单击"编辑类型"按钮，复制一个新的楼板边类型，命名为"3 级台阶"，修改轮廓为"3 级台阶"并设置材质，单击"确定"按钮完成楼板边类型的创建，拾取到楼板边界即可完成台阶的创建，如图 12-62 所示。

图 12-60　"线"工具

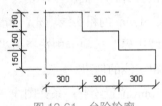

图 12-61　台阶轮廓

图 12-62　使用轮廓族

12.5.4　RPC 族创建实例

RPC 族是一类比较特殊的族类别，其显示状况与视图的着色模式有关，常用于人物、植物、家具等配景构件。

1. 新建 RPC 族

选择"公制 RPC 族"族样板新建一个 RPC 族文件，在打开的样板中显示如图 12-63 所示的符号，切换至三维视图，修改视图着色模式为真实，族文件显示状态如图 12-64（a）所示，切换视图样式为着色，可以看到族文件显示如图 12-64（b）所示。

教学视频：RPC族创建实例

图 12-63　RPC 族样板

2. 新建样式

选择 RPC 模型：在"属性"面板中单击"族类型"弹出
族类型对话框，如图 12-65 所示。

展开数据标识列表，如图 12-66 所示，在"渲染外观"栏
中单击并打开"渲染外观库"对话框，如图 12-67 所示，Revit
提供了"People""Trees"等 13 个类别的 RPC 渲染文件，将类
别设置为全部，选择合适的 RPC 文件，指定给当前族文件。比
如设置为"Rhododendron"，单击"确定"按钮，切换到三维
视图，新建的族类型如图 12-68 所示。

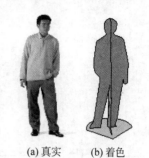

(a) 真实　　　(b) 着色

图 12-64　RPC 族表现状态

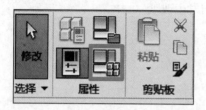

图 12-65　族类型

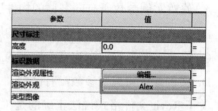

图 12-66　渲染外观

图 12-67　渲染外观库

选中该 RPC 模型，可在属性对话框中将其可见性选择框关掉，除了来自"第三方"
渲染库中的显示状态，还可在属性栏将渲染外观源修改为"族几何图形"。

图 12-68　新建的族类型

习题

1. 关于族参数属性说法正确的是（　　　）。

　A. 修改实例参数所有同名称的构件属性均发生改变

　B. 修改类型参数只修改当前构件的属性

　C. 修改实例参数只修改当前构件的属性

　D. 实例参数与类型参数没有区别

2. 关于 Revit 文件格式说法正确的是（　　　）。

　A. 族文件的格式为 .rte，族样板的文件格式为 .rfa

　B. 族文件的格式为 .rfa，族样板的文件格式为 .rvt

　C. 族文件的格式为 .rfa，族样板的文件格式为 .rft

　D. 族文件的格式为 .rfa，族样板的文件格式为 .rte

3. 模型线与符号的区别有哪些？二者之间如何转换？

4. 哪些因素是创建族时需要注意的事项？

5. 综合练习。

创建如图 12-69 所示的公制参数化模型，名称为"扶手支架"；添加"扶手材质"和"支架材质"两个材质参数，设置材质类型分别为"橡胶"和"不锈钢"；添加名为"支架半径""扶手半径"尺寸参数，设置"扶手半径＝支架半径 +5"。

图 12-69　综合练习

第 13 章　概念体量

前面讲解的族主要是对一些构件的参数化设计，本章将引入一个新的概念——体量。在项目的设计初期，建筑师通过草图来表达自己的设计意图，Revit 的体量提供了一个更灵活的设计环境，具有更强大的参数化造型功能。

第 13 章配套模型下载　　　教学视频：本章预习 1　　　教学视频：本章预习 2

13.1　概念体量环境

与族相似，Revit 提供两种创建概念体量的方式：内建体量和可载入体量。

教学视频：概念体量环境

13.1.1　内建体量

内建体量是在项目中创建体量，在项目中"体量和场地"选项卡的"概念体量"面板中单击"内建体量"工具，如图 13-1 所示，可弹出"体量 - 显示体量以启用"窗口，单击"关闭"按钮弹出体量名称对话框。

输入名称后，单击"确定"按钮进入内建体量的界面，可以创建体量。创建完成后，在"创建"选项卡的"在位编辑器"面板中单击 ✔ 按钮完成体量创建，或单击 ✖ 按钮取消体量创建，如图 13-2 所示。

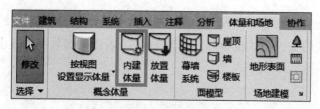

图 13-1　内建体量

图 13-2　完成或取消体量

13.1.2 可载入体量

可载入体量与可载入族的创建方法类似，需基于概念体量样板来创建。单击"文件"按钮，在弹出的应用程序菜单中选择"新建"命令，单击"概念体量"按钮（图 13-3）。

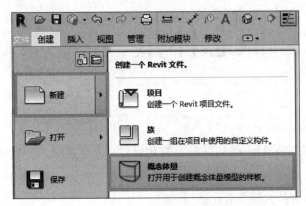

图 13-3 新建体量

在弹出的"新建概念体量 - 选择样板文件"对话框中选择"概念体量"样板，体量样板的格式为 .rft，单击"打开"按钮进入体量编辑器界面，这里的界面与内建体量界面相似。

13.1.3 两种创建方式的区别

两种创建体量形状的方式一致，但在使用时有一定的区别，主要体现在以下两个方面。

1. 使用方式不同

内建体量是直接在项目中创建，只能在当前项目中使用；可载入体量为单独创建，通过"载入族"插入项目中，然后通过"放置体量"来放置体量。

2. 操作的便捷性不同

内建体量可基于项目的标高轴网或拟建建筑的相对位置关系来进行定位；可载入体量需在体量编辑器中新建标高、参照平面、参照线来进行定位。

在实际使用时，多个具有相对位置关系的体量建议采用内建体量的方式来创建，例如做场地规划；单个独立的体量设计或复杂的异形设计建议采用可载入体量来创建。

13.1.4 体量与参数化族的关系

1. 相同点

体量与族的创建方式相同，均为内建和外建两种方法；均需要基于族样板进行创建，样板的格式均为 .rft；同时体量与族的文件格式也相同，均为 .rfa；二者添加参数的方式也基本相似。

2. 不同点

1）数量级不同

在体量和族中分别绘制参照平面，可以发现，体量中绘制的尺寸较大，而族尺寸较小。体量中采用的比例为 1 : 200，族中采用的比例为 1 : 10 或 1 : 20（当然比例可以自定义）。所以，体量常用于较大模型的创建，如一栋建筑物，族常用于建筑构件的创建，如家具。体量和族的数量级对比如图 13-4 所示。

2）创建形状的方式不同

族创建的工具主要为拉伸、放样、融合、旋转、放样融合以及对应的空心工具；体量创建为基于点、线、面创建实心或空心模型。族能创建的模型体量同样能够创建，并且体量能创建更为复杂的模型。

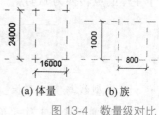

(a) 体量　(b) 族

图 13-4　数量级对比

3）默认参数不同

族样板提供的默认参数与族的类型有关；体量提供的参数为"默认高程"，并且当体量载入项目中后，会自动计算总表面积、总楼层面积以及总体积。

13.2　体量创建

13.2.1　创建体量形状

1. 参照线

参照线是体量中的基本图元，在体量编辑器界面的"绘制"面板中选择"参照"选项可创建参照平面，如图 13-5 所示。

教学视频：创建体量形状

参照线有起点、终点，直线自带 4 个参照平面（起点、终点垂直方向及沿直线方向的两个正交的参照平面），曲线自带两个参照平面（起点、终点垂直方向），如图 13-6 所示。参照线可以通过端点及交点的控制手柄进行修改。

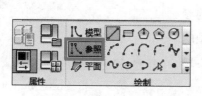

图 13-5　创建参照线

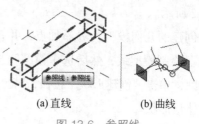

(a) 直线　(b) 曲线

图 13-6　参照线

2. 参照点

参照点分为自由点、基于主体的点、驱动点三种类型。在"创建"选项卡的"绘制"面板中单击"参照"选项工具 可以创建参照点。

自由点可在工作平面中自由放置；基于主体的点通过移动光标到参照主体（三维模型的边、模型线、参照线），如图 13-7 所示；驱动点具有三个方向的驱动手柄，通过拖曳手柄可改变主体的形状。

图 13-7　参照点

基于主体的点自带一个与主体垂直的参照平面，可在平面上创建形状；当选中基于主体的点时，会弹出"修改 | 参照点"选项卡，在工具条中单击"生成驱动点"按钮可将基于主体的点转换为驱动点，如图 13-8 所示。

图 13-8　转换驱动点

3. 模型线与实心形状

模型线可基于工作平面绘制，也可以在几何模型的表面绘制。首先，在"工作平面"面板中将"显示"切换为打开状态，单击"设置"按钮设置需要绘制模型线的平面，如图 13-9 所示。

接下来，在"绘制"面板中单击"模型"按钮，选择适当的绘制工具创建模型线，如图 13-10 所示。

图 13-9　设置工作平面

图 13-10　创建模型线

重复上述步骤，在不同的平面上创建不同形式的模型线，同时选中创建的模型线，在"修改 | 线"选项卡中会出现创建形状工具，如图 13-11 所示。单击"创建形状"按钮即可创建一个简单的体量模型，如图 13-12 所示。

在创建的几何模型边界添加点，并在点确定的参照平面上绘制模型线，然后选中模型线与几何模型的边界轮廓，单击"创建形状"按钮，可完成如图 13-13 所示的体量形状。

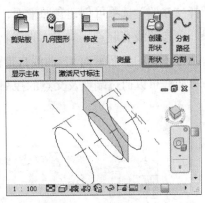

图 13-11　创建体量形状

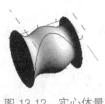

图 13-12　实心体量

(a) 绘制模型线

(b) 生成实心模型

图 13-13　轮廓与路径生成体量

4. 空心形状

除了创建实心形状，还可以创建空心形状，首先和实心形状一样，在模型表面创建模型线，选中模型线，在"创建形状"下拉列表中单击"空心形状"，单击界面空白位置，可创建空心形状对实心形状进行剪切，如图 13-14 所示。

(a) 创建空心形状　　(b) 实心表面创建模型线　　(c) 生成空心剪切

图 13-14　空心形状

　　与族一样，也可先创建实心形状，然后将实心转换为空心对实心模型进行剪切，具体方法参照第 12 章族空心形状的创建方法，在此不再赘述。

13.2.2　体量参数

　　与族参数的添加方式相似，可以为体量赋予材质、尺寸以及其他数据参数，方便对体量模型进行参数化控制。具体方法参照族参数的添加方法。

教学视频：
体量参数

13.2.3　有理化表面处理

　　有理化表面处理是指对模型的表面按照一定规则进行分割，然后填充适当的形状，满足设计师的使用要求。常用的表面处理方法有 UV 网格分割和通过相交分割两种。

教学视频：有理化表面处理

　　1. UV 网格分割

　　1）创建与编辑网格

　　UV 网格分割表面的方法简单，接下来通过一个小案例讲解 UV 网格分割的操作方式。

　　首先新建一个体量，切换至楼层平面，在"绘制"面板中绘制 170000mm×170000mm 的正方形模型线，选中模型线，创建实心立方体形状；切换至三维视图，按【Tab】键选择立方体上表面，修改高度为 50000mm，创建的 170000×170000×50000 立方体体量模型如图 13-15 所示。

　　选中立方体，在"修改｜形式"选项卡的"分割"面板中单击 ◣ 按钮，弹出默认分割设置对话框，如图 13-16 所示。

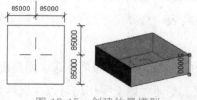

图 13-15　创建体量模型

图 13-16　设置默认分割

在弹出的对话框中默认 UV 网格均为"数量：10"，可以修改为距离、最小距离、最大距离，并按图 13-17 所示设置距离的尺寸。单击"确定"按钮完成默认分割设置。

选择体量的表面，单击"分割表面"按钮可按照设置的默认分割方式对体量表面进行自动分割。

选择分割后的表面，在"修改｜分割的表面"选项卡的"UV 网格和交点"面板中，"U 网格"以及"V 网格"将会高亮显示，如图 13-18 所示。

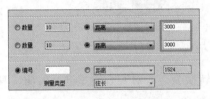

图 13-17 修改默认设置

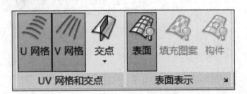

图 13-18 显示 UV 网格

当选中表面时，工具条和属性栏会显示 UV 网格的属性，修改参数可调整网格的形状。在属性栏中，修改 UV 网格的距离为 5000mm，顶部网格旋转为 30°，U 网格对正方式为终点，V 网格对正方式为起点，其他参数保持为默认，设置完成如图 13-19 所示。

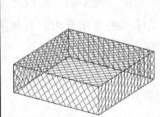

图 13-19 网格属性设置

网格的布局方式包括固定距离、固定数量、最大间距、最小间距四种，对正方式有起点、中心、终点三种，角度可在 -89°~89° 内任意设置。

2）添加表面填充图案

接下来为分割完成的表面添加填充图案，在体量编辑器中默认提供了六边形、错缝、菱形、Z 字形、八边形等 14 种填充样式。可以在属性栏类型浏览器中应用到分割表面。

选择需要应用填充图案的表面，在属性栏中可以看到，分割表面的默认类型为"无填充图案"，单击 ▼ 按钮，展开类型浏览器，在下拉列表中选择"六边形"应用到分割表面，切换到"着色"模式查看，如图 13-20 所示。

填充图案的编辑与 UV 网格的编辑方式相同，除了对约束条件、布局方式、网格旋转、偏移的设置外，还可以对图案进行缩进、旋转、镜像、翻转。以上操作均可以在属性栏进行设置，如图 13-21 所示。

除了使用系统自带的分割表面形状，也可以通过族自定义新的样式载入体量中使用。在"修改 | 分割的表面"选项卡的"表面表示"面板中可设置分割表面和填充图案的可见性，如图 13-22 所示。

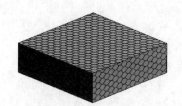

图 13-20　填充图案

图 13-21　编辑分割表面

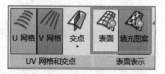

图 13-22　分割表面显示控制

2. 相交分割表面

相交分割表面可通过标高、参照平面以及平面上的线生成分割形式。首先新建一个体量，在体量中创建标高及参照平面，并对参照平面命名。

切换至南立面视图，创建如图 13-23 所示的模型线。选择直线和闭合轮廓，单击"创建形状"按钮，创建如图 13-24 所示的体量模型。

选择体量表面，单击"分割表面"按钮，选择分割完成的表面，在"UV 网格和交点"面板禁用 UV 网格，并展开"交点"下方的下拉列表，切换为"交点列表"，如图 13-25 所示。

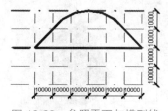

图 13-23　参照平面与模型线

图 13-24　体量形状

图 13-25　交点列表

单击"交点列表"按钮，在弹出的"相交命名的参照"对话框中勾选全部标高及参照平面，如图 13-26 所示。单击"确定"按钮，忽略弹出的"警告"，完成表面分割，同样的方法对其他表面进行分割，如图 13-27 所示。将表面填充图案设置为矩形，创建完成的体量形状如图 13-28 所示。

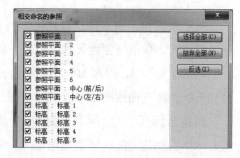

图 13-26　选择命名的参照

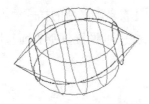 

图 13-27　生成表面分割　　　　　图 13-28　表面填充

表面分割越细致，填充的图案越美观，通过体量的表面分割可创建出许多异形的模型，为设计师提供更具艺术效果的设计方案。

13.3　体量创建案例

前面讲解了体量的基本创建方法，接下来以两个实例加深对体量创建工具的理解。

13.3.1　实例 1：某电视塔

（1）新建一个体量，切换至"南立面"视图，并创建 20m、50m、85.6m 三个标高。切换至楼层平面"标高 1"，绘制半径为 10m 的模型线，选择模型线，单击"创建形状"按钮，会提供两种创建形状的方式：圆柱、球体；选择圆柱，创建一个圆柱体（图 13-29）。

教学视频：
某电视塔

（2）切换至南立面，创建如图 13-30 所示的参照平面，通过三角函数关系，确定圆柱的顶部高度，并拖曳表面至图示位置。切换至三维视图，选择顶部并修改半径为 5m（图 13-31）。

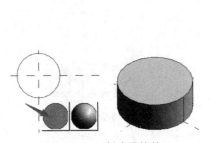

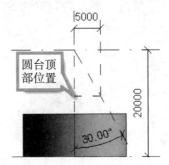

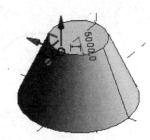

图 13-29　创建圆柱体　　　　图 13-30　确定顶部　　　　图 13-31　修改顶部半径

接下来切换至南立面，以标高 2 与参照平面交点为圆心，创建半径为 10m 的模型线，选择模型线，单击"创建形状"按钮，创建一个球体，创建完成的球体如图 13-32 所示。

切换至标高 3，绘制 5000×5000 的模型线，如图 13-33 所示，选择模型线，创建实心棱柱形状，在立面视图中修改棱柱顶部、底部分别与标高 3、标高 2 对齐。

切换至标高 3，绘制半径为 5m 的圆形模型线，如图 13-34 所示。选择模型线，创建实心球体，创建完成的模型如图 13-35 所示。

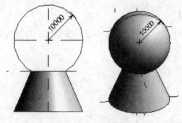

图 13-32 创建球体

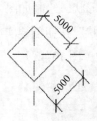

图 13-33 矩形轮廓

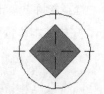

图 13-34 圆形轮廓

接下来，根据三角函数关系，创建如图 13-36 所示的模型线，并在其正上方创建一条垂直的直线，选择模型线创建实心形状，创建完成（图 13-37）。

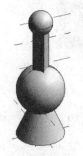

图 13-35 实心模型

图 13-36 创建模型线及旋转轴

图 13-37 体量模型完成

体量模型创建完成后，可通过"修改"选项卡→"几何图形"面板→"连接"工具将模型连接为一个整体，并为模型添加材质参数，如图 13-38 所示。

图 13-38 连接模型

13.3.2 实例 2：体量大厦

首先新建一个体量，在"南立面"创建如图 13-39 所示的模型线，选择模型线，创建实心形状，调整拉伸的深度为 20m。

选择创建的体量，在"修改 | 形式"选项卡的"修改"面板中选择工具 ，以"中心左 / 右"为对称轴，镜像到另一侧，创建完成的体量形状如图 13-40 所示。

教学视频：
体量大厦

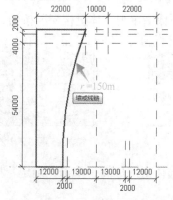

图 13-39 创建体量轮廓

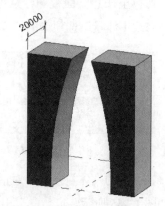

图 13-40 创建并镜像形状

切换至南立面，继续创建形状，绘制如图 13-41 所示的模型线。

选择轮廓，单击"创建形状"按钮创建实心模型，将内部的体量模型两侧均向内缩进 2m，完成基本体量模型的创建（图 13-42）。

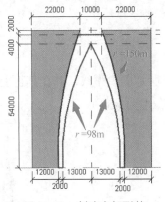

图 13-41　创建内部形状

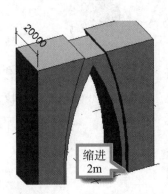

图 13-42　创建内侧体量

除了用实心形状，也可以通过空心剪切完成体量的创建，创建完成后保存体量，名称命名为"体量大厦"。

13.4　体量在项目中的应用

除了创建体量模型，还可以基于体量快速创建建筑模型，包括楼板、墙体、屋顶等。

13.4.1　体量楼层

在项目中，可以基于标高将体量模型拆分为若干楼层，并基于楼层创建楼板。

首先新建一个建筑项目，将 13.3 节创建的"体量大厦"载入项目中，在"体量和场地"选项卡的"概念体量"面板中选择"放置体量"工具，如图 13-43 所示，在项目任意位置放置"体量大厦"。

教学视频：体量在项目中的应用 1

切换至任意立面视图，从地面开始创建 15 个间距为 4m 的标高，选择"体量大厦"，在"修改 | 体量"选项卡的"模型"面板中单击"体量楼层"按钮，如图 13-44 所示。

图 13-43　放置体量

图 13-44　体量楼层

在弹出的"体量楼层"对话框中选择全部标高，单击"确定"按钮完成楼层创建，结果如图 13-45 所示。

在"体量和场地"选项卡的"面模型"面板中选择"楼板"工具，如图 13-46 所示。在弹出的"修改 | 放置面楼板"选项卡的"多重选择"面板中单击"选择多个"按钮，如图 13-47 所示。选中所有楼层，在属性栏的"类型选择器"中设置适当的楼板类型，在"多重选择"面板中单击"创建楼板"按钮完成楼板的生成。

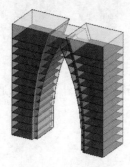

图 13-45　生成楼层　　　　　图 13-46　楼板工具　　　　　图 13-47　选择多个

13.4.2　面墙

体量的面墙可以创建异形墙体，例如弧形墙体、斜墙等。其创建方法与楼板的创建方法相似。首先在"体量和场地"选项卡中单击"墙"按钮（图 13-48），然后选择需要创建墙体的类型，拾取到体量表面并单击，完成墙体创建，如图 13-49 所示。

教学视频：体量在项
目中的应用 2

图 13-48　面墙

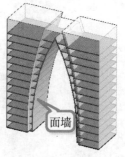

图 13-49　生成面墙

除了在体量和场地选项卡生成面墙外，也可以在"建筑"选项卡的"墙体"工具中通过"面墙"命令来创建。

13.4.3　幕墙系统

通过幕墙系统能快速生成幕墙布局，包括幕墙网格、嵌板、竖梃，创建方法与面楼板相似。在"体量和场地"选项卡的"面模型"面板中单击"幕墙系统"按钮，如图 13-50 和图 13-51 所示。

在"类型选择器"中设置幕墙类型为"1500mm×3000mm"，边界竖梃设置为"矩形竖梃：50mm×150mm"。拾取到需要创建幕墙系统的表面，单击"创建系统"按钮完成幕墙系统的创建，如图 13-52 所示。

图 13-50　生成幕墙系统

图 13-51　选择多个

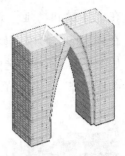

图 13-52　幕墙系统完成

在创建时，选择的面积越大，创建过程越慢；除了在体量和场地中创建外，也可以通过"建筑"选项卡→"构建"面板→"幕墙系统"工具创建。

13.4.4　面屋顶

面屋顶工具可基于体量形状快速创建屋顶或玻璃斜窗，提供更便捷的屋顶造型方案。首先在"体量和场地"选项卡的"面模型"中选择"屋顶"工具，如图 13-53 所示。

选择适当的屋顶类型，拾取到体量顶部，完成屋顶的创建，如图 13-54 所示，基于体量的面模型在体量被删除后，仍然存在。隐藏体量，创建完成的面模型如图 13-54 所示。

图 13-53　屋顶工具

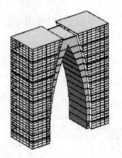

图 13-54　面模型完成

13.4.5　体量分析

载入项目中的体量会自动计算体积、面积等参数，选中体量，在属性栏中可以看到体量的总表面积、总体积、总楼层面积，如图 13-55 所示。单击"编辑"按钮可对体量楼层进行重新定义。

Revit 中提供体量的明细表工具，可对体量楼层、墙体、分区、洞口、天窗等构件创建明细清单。在"视图"选项卡的"创建"面板中选择"明细表"，弹出"新建明细表"对话框，在体量选项中展开并选择"体量楼层"，添加适当的明细表字段，生成如图 13-56所示的明细表。

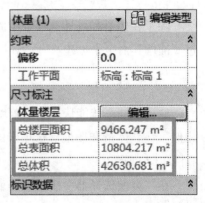

图 13-55　体量参数

<体量楼层明细表 2>				
A	B	C	D	E
标高	楼层周长	楼层面积	外表面积	楼层体积
标高 1	136000	544 m²	543 m²	2164.41 m³
标高 2	135509	539 m²	542 m²	2157.72 m³
标高 3	135672	541 m²	544 m²	2175.16 m³
标高 4	136489	548 m²	549 m²	2217.07 m³
标高 5	137965	562 m²	557 m²	2283.60 m³
标高 6	140106	581 m²	568 m²	2375.01 m³
标高 7	142924	607 m²	582 m²	2491.90 m³
标高 8	146435	640 m²	599 m²	2634.64 m³
标高 9	150657	679 m²	619 m²	2804.09 m³
标高 10	155614	724 m²	642 m²	3001.13 m³
标高 11	161337	777 m²	669 m²	3226.97 m³
标高 12	167862	837 m²	700 m²	3482.82 m³
标高 13	175233	905 m²	735 m²	3770.44 m³
标高 14	183506	981 m²	2410 m²	7845.72 m³

图 13-56 体量明细表

—— 习题 ——

1. 下列不能基于体量创建的面模型是（　　　）。

A. 墙体　　　　　　　　　　B. 楼板

C. 场地　　　　　　　　　　D. 屋顶

2. 由体量面创建的建筑图元在体量形状修改后（　　　）。

A. 原有面模型会自动更新

B. 原有面模型不会自动更新

C. 使用"面的更新"命令进行更新

D. 原有面模型会自动删除

3. 明细表可统计体量的（　　　）信息。

A. 总体积　　　　　　　　　B. 总表面积

C. 楼层面积　　　　　　　　D. 总建筑面积

4. 创建空心形状有两种方式：直接创建空心形状剪切实心模型，创建实心形状后转变为空心形状并通过"剪切"命令来剪切实心模型。二者的使用方式有何不同？

5. 综合练习。

创建图 13-57 所示的参数化体量模型，并为塔身添加名称为"小蛮腰材质"的材质参数，材质颜色为"浅蓝色"；塔尖 U、V 分割网格数量均为 5。

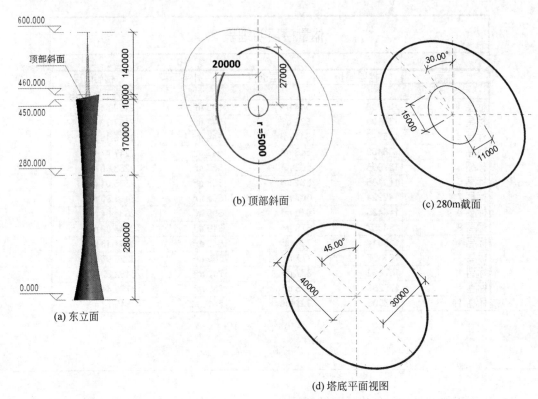

图 13-57　综合练习图

第 14 章　钢筋模型创建

前面的章节讲解了 Revit 中建筑和结构模型的创建方法、族的基本操作等内容，本章将讲解项目结构钢筋模型的创建，包括基础、柱、梁、墙、楼板钢筋等内容。

第 14 章
模型下载

14.1　Revit 钢筋建模功能简介

14.1.1　Revit 创建钢筋的方式

目前 Revit 钢筋模型可以通过四种方式创建：Revit 自带的钢筋选项板创建、Revit 速博插件快速创建、Dynamo 创建、二次开发程序创建。

教学视频：Revit
创建钢筋的方式

（1）Revit 自带的钢筋选项板创建是目前使用 Revit 绘制钢筋最常用的一种办法，也是最简单、最容易掌握的绘制方法，但此方法只适用于小型简单项目。

（2）速博插件为 Autodesk 官方插件，是钢筋配件必备插件，可以快速创建钢筋模型，提高钢筋建模效率，只需设置一些参数，就可以将梁板柱的钢筋自动按照要求生成。

（3）Dynamo 是一款 Revit 上的开源插件，是开源可视化编程工具，用于定义关系和创建算法，可以在 3D 空间中生成几何图形和处理数据。该插件能够让用户直观地编写脚本，操控程序的各种行为。该插件还可以实现可视化编程，即可视化程序设计：以"所见即所得"的编程思想为原则，实现编程工作的可视化，即随时可以看到结果，程序与结果的调整同步。

> **注意**
>
> 在 Revit 2018 版中需要下载 Dynamo 插件并安装后才可使用。而 Revit 2019 版及后续版本中已经集成了 Dynamo 模块，可以直接使用。

（4）Revit 二次开发程序，首先需要掌握基础的 C# 编程，了解整个 .NET 平台，然后下载 Add-In Manager 的插件和 Revit SDK，Add-In Manager 是用来调试程序和查看构件属性的，SDK 中有很多 Samples 可以参考学习。

> **注意**
>
> 　　Revit LookUp 在二次开发中扮演的角色非常重要，在每次编程之前必须查看里面的一些隐藏属性，很多在 C# 中的类名和方法都可以通过 LookUp 找到，这样就省去了很多时间，而且准确性较高。

　　本项目将通过 Revit 自带的钢筋选项板创建。

　　使用 Revit 钢筋工具可以将钢筋图元（如钢筋、加强筋或钢筋网）添加到有效的主体。有效的主体中包含了下列族：结构框架、结构柱、结构基础、结构连接、结构楼板、结构墙、基础底板、条形基础和楼板边等。从表面图元（如墙和楼板）创建的混凝土零件是有钢筋保护层，也可以作为钢筋、钢筋集、区域钢筋、路径钢筋和钢筋网的主体。

图 14-1　将钢筋附着到主体

> **注意**
>
> 　　"常规模型"图元也可以作为钢筋的主体。在族编辑器中打开图元，在"属性"选项板中，勾选"结构"部分中的"可将钢筋附着到主体"复选框，将族重新载入项目中即可，如图 14-1 所示。

14.1.2　Revit 钢筋建模流程

　　Revit 自带的钢筋选项板里有"钢筋" ⊞ 工具、"面积" ▦ 工具、"路径" ⬚ 工具、"钢筋网区域" ▨ 工具、"钢筋网片" ▨ 工具、"钢筋接头" ▭ 工具等钢筋创建工具。其中"钢筋" ⊞ 工具有放置预定义钢筋形状的钢筋和用"绘制钢筋" ✎ 方法创建钢筋两种方法，"钢筋网片" ▨ 工具有直接放置和"弯曲草图" ✎ 模式。用不同方法创建钢筋的流程不尽相同，但基本都需要先做以下几个基本工作。

　　（1）绘制钢筋平法施工图。

　　（2）创建基础、结构柱、梁、结构板、结构墙等模型。

　　（3）将钢筋形状族载入 Revit 中。

教学视频：钢筋建模的流程

　　（4）用"钢筋"下拉列表中的"钢筋设置"工具进行常规钢筋设置。

　　（5）用"钢筋"下拉列表中的"钢筋保护层设置" ▥ 工具设置钢筋的保护层厚度。

　　（6）用"保护层" ▥ 工具设置主体的保护层厚度。

　　接下来，简单介绍一下用以上几种方法创建钢筋的基本流程。

　　（1）通过 Revit 自带的钢筋选项板→"钢筋" ⊞ 工具→"钢筋" ⊞ 方法创建放置预定

义钢筋形状的钢筋，基本流程如下。

① 单击"结构"选项卡，选择"钢筋"面板中的"钢筋" 🔲 工具。

② 单击"修改 | 放置钢筋"选项卡→"放置方法"面板→"钢筋" 🔲 方法。

③ 在"属性"选项板顶部的"类型选择器"中，选择所需的钢筋类型。

④ 在选项栏上的"钢筋形状选择器"或"钢筋形状浏览器"中，选择所需的钢筋形状。

⑤ 选择放置平面。

⑥ 选择放置方向。

⑦ 设置钢筋集。

⑧ 利用修改工具完成钢筋绘制。

（2）通过 Revit 自带的钢筋选项板→"钢筋" 🔲 工具→"绘制钢筋" ✍ 方法创建钢筋，基本流程如下。

① 单击"结构"选项卡，选择"钢筋"面板中的"钢筋" 🔲 工具。

② 单击"修改 | 放置钢筋"选项卡→"放置方法"面板→"绘制钢筋" ✍ 方法。

③ 在提示下，选择将设置为钢筋主体的图元。

④ 使用绘制工具绘制钢筋形状。

⑤ 将弯钩添加到钢筋形状的端点。

⑥ 确定钢筋弯钩的位置和方向。

⑦ 设置钢筋集。

⑧ 利用修改工具完成钢筋绘制。

> **注意**
>
> 如果草图与现有形状不匹配，则会在"钢筋形状"浏览器和选项栏的"钢筋形状类型"下拉列表中创建一个新的形状。

（3）通过 Revit 自带的钢筋选项板中的"面积" ▦ 工具，创建结构区域钢筋，基本流程如下。

① 单击"结构"选项卡，选择"钢筋"面板中的"面积" ▦ 工具。

② 选择要放置区域钢筋的楼板、墙或基础底板。

③ 使用"绘制"面板中的"线形钢筋" ⺊ 里的各种工具创建钢筋边界，直到形成闭合环为止。

④ 如果需要修改主筋方向，单击"绘制"面板的"主筋方向" � 工具。

⑤ 设置结构区域钢筋的实例属性，如主筋类型、主筋弯钩、主筋间距等。

（4）通过 Revit 自带的钢筋选项板中的"路径" ⺊ 工具，创建结构路径钢筋，基本流程如下。

① 单击"结构"选项卡，选择"钢筋"面板中的"路径" ⺊ 工具。

②选择要放置区域钢筋的结构楼板或结构墙。

③使用"绘制"面板中的"线形钢筋"┃┃里的各种工具创建钢筋路径，确保不会形成闭合环。

④设置结构路径钢筋的实例属性，如布局规则、钢筋间距、主筋 - 类型、主筋 - 长度、主筋 - 形状、分布筋等。

（5）通过 Revit 自带的钢筋选项板中的"钢筋网区域"工具，放置单钢筋网片，基本流程如下。

①单击"结构"选项卡，选择"钢筋"面板中的"钢筋网区域"工具。

②点击选择要放置单钢筋网片的结构楼板、结构墙。

③使用"绘制"面板→"边界线"┃┃里的各种工具创建钢筋边界，直到形成闭合环为止。

④设置结构路径钢筋的实例属性，如钢筋网片、位置、搭接接头位置、主筋搭接接头长度、分布筋搭接接头长度等。

（6）通过 Revit 自带的钢筋选项板中的"钢筋网片"工具，放置单钢筋网片，基本流程如下。

①单击"结构"选项卡，选择"钢筋"面板中的"钢筋网片"工具。

②单击选择要放置单钢筋网片的结构楼板、结构墙。

③在"选项栏"中，指定是否"放置后旋转"。

④在"属性"选项板顶部的"类型选择器"中，选择所需的钢筋网片类型。

⑤在绘图区域中，将光标放置在构楼板或结构墙的表面上。

注意

如果在"属性"选项板上选择了"按主体保护层剪切"属性，将在洞口或主体的边缘剪切钢筋网片。

（7）通过 Revit 自带的钢筋选项板中的"钢筋网片"工具→"弯曲草图"模式绘制轮廓线，以便在有效主体内放置弯钢筋网，基本流程如下。

①单击"结构"选项卡，选择"钢筋"面板中的"钢筋网片"工具。

②单击"修改 | 放置钢筋网片"选项卡中的"弯曲草图"模式。

③单击用于放置弯曲钢筋网片的主体。

④在"属性"选项板顶部的"类型选择器"中，选择所需的钢筋网片类型。

⑤在"属性"选项板中，更改弯曲方向和纵向剪切长度等。

⑥使用"绘制"面板中的工具绘制弯曲边的轮廓线。

⑦单击绘图区域的"翻转控制柄"工具，指定钢筋网片非弯曲边的网线方向。

⑧单击"修改 | 创建弯曲轮廓"选项卡中的"模式"面板 ✔ 完成编辑模式。钢筋网

片显示。

14.1.3 钢筋建模前的准备工作

因为钢筋建模涉及的内容比较多，所以钢筋建模在 Revit 软件里是难点。在钢筋建模前需要做很多准备工作，主要有以下内容。

（1）收集最新版的钢筋图集、设计规范、验收规范，目前最新的是 16G101 和 18G901 系列图集。

（2）学过施工技术，最好有实际施工经验。

教学视频：钢筋建模前的准备工作

（3）认真研读施工方案，详细查看、分析每一幅施工图纸，确保能看得懂钢筋平法图纸、钢筋标注和符号，无任何疑问。

（4）已创建直螺纹套筒、钢筋形状等一些常用族。

（5）构件的结构模型已创建完成。

（6）熟悉 Revit 自带的钢筋选项板中的各种钢筋建模工具和操作流程。

图集和规范下载

14.2 基础钢筋

接下来介绍实训楼钢筋的创建。先右击"{三维}"复制一个三维视图，见图 14-2，再右击"{三维}副本 1"将其重命名为"钢筋三维"，并按图 14-3 的步骤设置地形、场地、植物和环境等相关内容为不可见，其他各个视图参照此步骤设置，不再详述。

教学视频：基础钢筋

图 14-2　复制三维视图

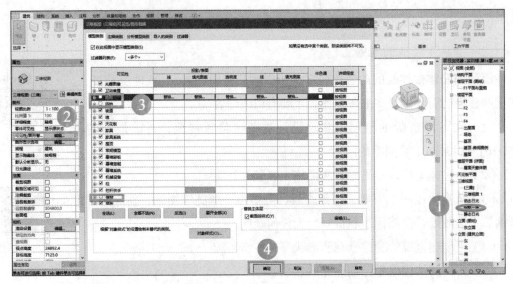

图 14-3　修改钢筋三维视图可见性

　　基础的配筋需要先创建剖面详图视图，剖面详图视图一般是在平面视图或立面视图中创建，通过项目浏览器，将视图切换至"基顶"视图。为了方便钢筋建模，按图 14-2 的方法隐藏地形、场地、植物和环境等相关内容。首先以 2 轴和 E 轴交点的 DJ-1 为例，创建基础钢筋。

　　单击"视图"选项卡，在"创建"面板中选择"剖面"工具 ◆，从左侧属性栏里选择"详图视图：详图" ◻，选择 2 轴和 E 轴交点的独立基础 DJ-1，绘制剖面线，在"项目浏览器"的视图中会相应增加详图视图"详图 0"，右击"详图 0"将其重命名为"DJ-1"，如图 14-4 所示。但此时详图名称没有在图 14-4 中显示，不方便后期查找位置和调用视图。单击剖面线，按图 14-5 所示的步骤修改详图视图显示样式，结果如图 14-6 所示。调整剖

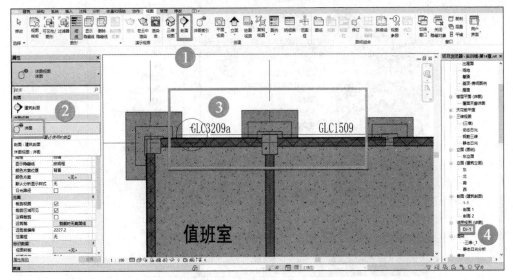

图 14-4　创建基础剖面详图视图

面线至合适位置，然后右击详图剖面线，再单击"转到视图"，进入"DJ-1"的剖面详图，可以通过修改裁剪视图的夹点来修改视图可见区域，结果如图 14-7 所示。至此，详图创建完成，接下来就可以进行基础钢筋的布置。

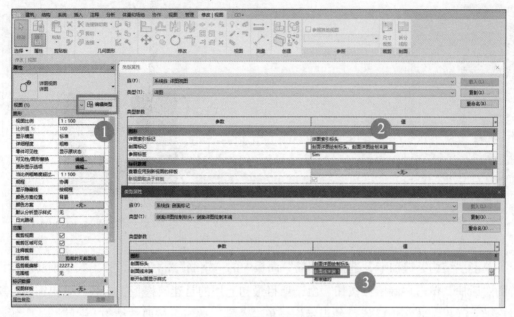

图 14-5 修改详图视图显示样式

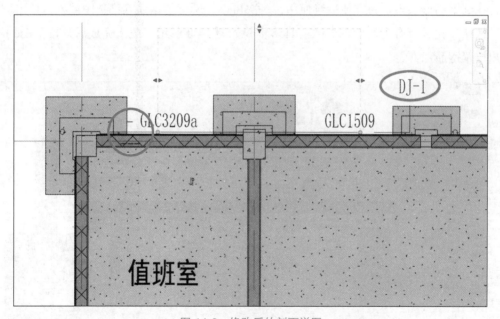

图 14-6 修改后的剖面详图

钢筋创建可以使用"结构"选项卡→"钢筋"面板→"钢筋" ⊞ 工具，也可以在选定适当的主体（如混凝土基础、柱、梁或结构楼板）时使用"修改"选项卡→"钢筋"面板→"钢筋" ⊞ 工具。基础钢筋建模我们选用第一种方法。

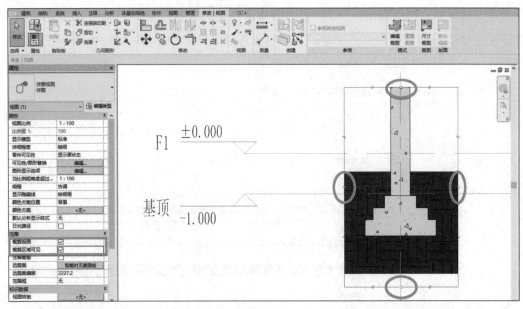

图 14-7　调整剖面详图可视范围

　　单击"结构"选项卡，选择"钢筋"面板中的"钢筋" 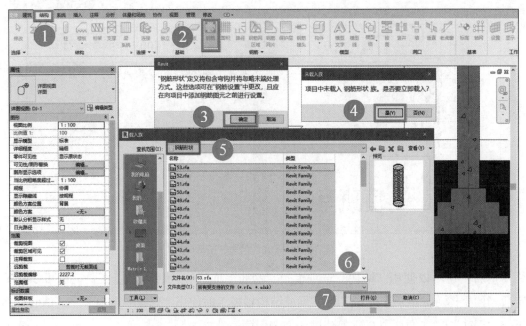 工具，弹出关于钢筋形状设置的对话框，单击"确定"按钮。由于项目最初选用的是建筑样板，未载入结构钢筋，所以会随之弹出"载入钢筋族"的提示框，单击"是"按钮。按照"结构 - 钢筋形状"的路径，找到钢筋形状族。为方便后续使用，一次可以将所有的钢筋族都选中载入，单击"打开"按钮，完成所有钢筋族的载入。具体步骤如图 14-8 所示。载入完成后，按【Esc】键退出放置钢筋工具。

图 14-8　载入所有钢筋形状族

> **提示**
>
> 　　选中任一钢筋族，按快捷键【Ctrl+A】，即可选中所有钢筋族。后期如果需要，可以单击"修改 | 放置钢筋"选项卡→"族"面板→"载入形状" 工具，载入其他的钢筋形状。

　　在放置钢筋前，应先设置构件混凝土保护层厚度。根据最新版的《混凝土结构设计规范》（GB 50010—2010），在一类环境下，板、墙、壳的混凝土保护层的最小厚度为 15mm，梁、柱为 20mm，钢筋混凝土基础宜设置混凝土垫层，其受力钢筋的混凝土保护层厚度应从垫层顶面算起，且不应小于 40mm。

　　单击"结构"选项卡→"钢筋"面板→"保护层" 工具，然后单击"选项栏"上的 按钮，进入钢筋保护层设置对话框，也可以直接单击"结构"选项卡→"钢筋"面板下拉列表→"钢筋保护层设置" ，进入该对话框。在该对话框内调整保护层类型的说明和设置保护层厚度。可以根据需要从该对话框中添加、复制和删除保护层设置。如图 14-9 所示，在此添加本项目将要用到的三个保护层厚度，单击"确定"按钮完成设置。

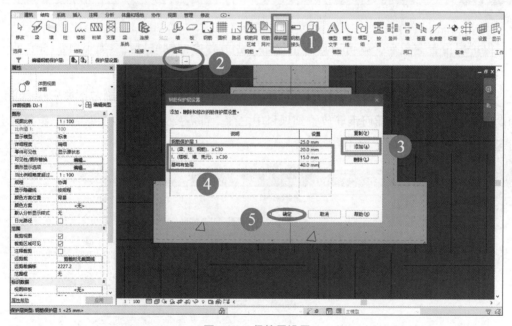

图 14-9　保护层设置

　　将光标悬停在整个 DJ-1 独立基础图元上，可以查看现有的钢筋保护层：设置为默认厚度 25mm 的"钢筋保护层 1"，此处的 25mm 为蓝色基础外框到淡绿色的保护层参照虚线的偏移距离，钢筋只能放置在淡绿色虚线以内，需要调整为 40mm。

　　在选项栏上，单击"拾取图元" 按钮可以拾取整个图元，单击"拾取面" 按钮可以拾取图元的单个面，在此选择"拾取图元" 拾取整个独立基础，在选项栏上，从"保护层设置"下拉列表中选择厚度为 40mm 的"基础有垫层"的保护层类型。如图 14-10 所示。

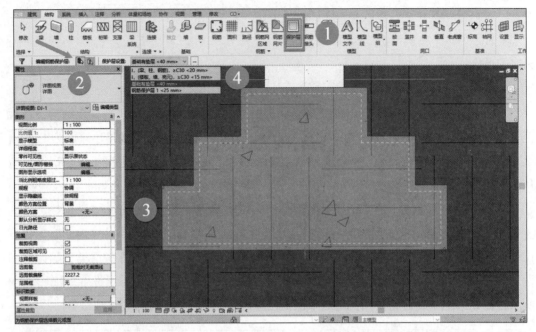

图 14-10　基础保护层设置

保护层设置完成后，就可以放置钢筋了。先放置底部钢筋 As2，为 $\Phi 14@100$，垂直于当前工作平面。

单击"结构"选项卡→"钢筋"下拉列表进行"钢筋设置"🔧。确定钢筋形状中的弯钩设置是否正确。在将任何钢筋放置到项目中之前，都需要设置好此项，否则后续修改会引起其他钢筋变动。如图 14-11 所示。

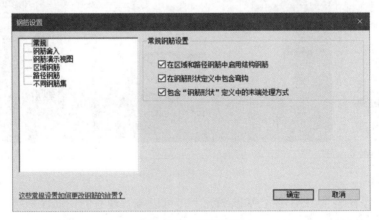

图 14-11　钢筋设置

单击"结构"选项卡，选择"钢筋"面板中的"钢筋"🔲工具，为了方便找到需要的钢筋形状，可以单击选项栏中"钢筋形状"后面的省略 ⋯ 按钮打开钢筋形状浏览器，如图 14-12 所示。打开后在右侧钢筋形状浏览器中出现了载入的所有钢筋的形状。选择"钢

筋形状：01"，在"属性"选项板顶部的"类型选择器"中，选择"14 HRB400"的钢筋类型。在"修改|放置钢筋"选项卡中设定放置平面、放置方向和钢筋放置方式。放置平面设为"当前工作平面"，放置方向由"平行于工作平面"改为"垂直于保护层"，将钢筋集面板的布局由"单根"改为"最大间距"，设置间距为"100.0mm"。单击基础底部，最下部的钢筋布置完成。如图 14-12 所示。将放置方向设为"平行于工作平面"，在最下部的钢筋上边绘制与其垂直的钢筋，点击"修改"完成绘制。

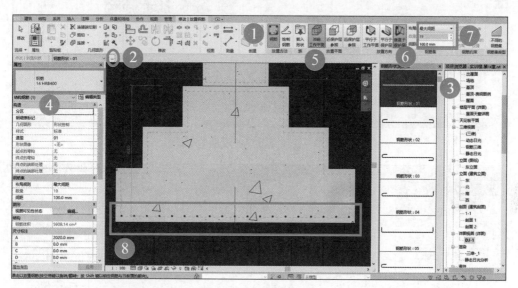

图 14-12　布置基础钢筋

> **注意**
>
> 钢筋集功能会按照线性放置一组钢筋。通过提供一些相同的钢筋，使用钢筋集能够加速添加钢筋的进度。

Revit 在三维模式下钢筋的默认显示模式为线框模式，想要更加真实的钢筋模型，可以选择要使其可见的所有钢筋实例和钢筋集，如需选择多个实例，按住 Ctrl 键的同时进行选择或框选以后使用"过滤器"工具进行过滤，选择 DJ-1 的基础底部钢筋。单击"属性"选项板→"视图可见性状态"→"编辑"按钮，在"钢筋图元视图可见性状态"对话框中，选择要使钢筋可在其中清晰查看的视图，此处选择"钢筋三维"视图，勾选"清晰的视图"和"作为实体查看"，单击"确定"，完成设置，如图 14-13 所示。这样钢筋将不会被其他图元遮挡，而是保持显示在所有遮挡图元的前面。双击进入"钢筋三维"视图，DJ-1 基础钢筋按"一致的颜色"的视觉样式的显示效果如图 14-14 所示。

> **注意**
>
> 被剖切面剖切的钢筋图元始终可见。该设置对这些钢筋实例的可见性没有任何影响。

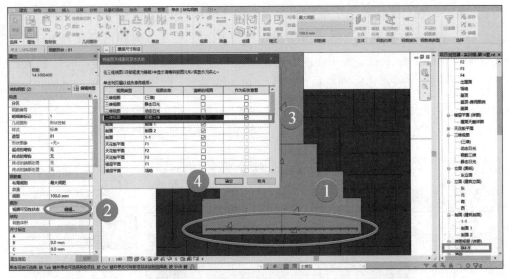

图 14-13　修改钢筋三维视图的可见性

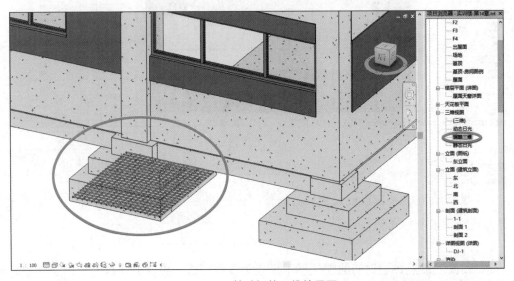

图 14-14　基础钢筋三维效果图

依照以上操作步骤，将其他的基础钢筋添加完成。全部完成后进入"钢筋三维"视图查看，效果如图 14-15 所示。

> **注意**
>
> 如果用复制后再修改的方法，需要按图 14-10 所示的方法修改基础钢筋保护层厚度后再复制和修改钢筋。

图 14-15　全部基础钢筋完成

14.3　柱钢筋

平面视图是在建筑物的门窗洞口等一些特殊或复杂的部位处假想用水平剖切平面剖开后的俯视图，Revit 中平面视图的水平剖切面位置可以在"视图范围"→"主要范围"→"剖切面"查看，所以柱子的配筋可以直接在平面视图中创建。通过项目浏览器，将视图切换至"基顶"视图。以 4 轴和 E 轴交点的 KZ3 为例，创建柱钢筋。

单击"结构"选项卡→"钢筋"面板→"保护层"▣工具，单击"拾取图元"▣按钮可以拾取整个柱 KZ3，在选项栏上，从"保护层设置"下拉列表中选择厚度为 20mm 的"Ⅰ，（梁、柱、钢筋），≥ C30"的保护层类型，单击"修改"按钮完成柱保护层厚度设置。如图 14-16 所示。

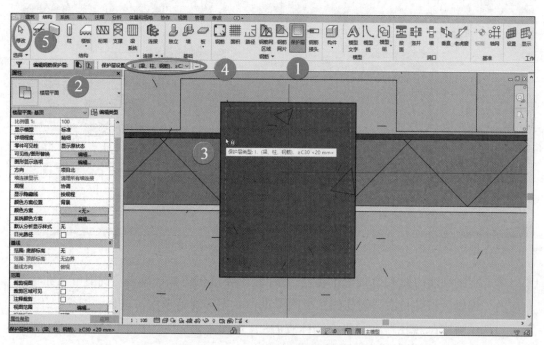

图 14-16　柱保护层厚度设置

箍筋一般位于纵向钢筋外侧，所以通常是先布置箍筋，再布置纵向钢筋。

14.3.1　柱箍筋

由"柱结构平面布置图（一）"可知，KZ3 柱箍筋类型为"4×4"，⚁8@100/200，加密区间距为 100mm，非加密区间距为 200mm。首先创建柱根加密区的外部箍筋。单击柱 KZ3，进入"修改|结构柱"选项卡，单击"钢筋"▣工具，进入"修改|放置钢筋"选项卡，选择"钢筋形状：33"，在"属性"选项板顶部的"类型选择器"中，选择"8 HRB400"的钢筋类型。在"修改|放置钢筋"选项卡中设定放置平面、放置方向和钢筋放置方式。放置平面设为"当前

教学视频：
柱箍筋

工作平面" 🗊，放置方向为"平行于工作平面" 🔖，将钢筋集面板的布局由"单根"改为"最大间距"，设置间距为"100.0mm"。单击柱 KZ3，箍筋弯钩的方向可以使用空格键来进行调整，柱箍筋按柱高布置完成。如图 14-17 所示。根据《建筑抗震设计规范》（GB 50011—2010）（2016 年版），底层柱的柱根加密区长度应取不小于该层柱净高的 1/3，此处为 3800/3，本项目取 1300mm。柱顶加密区长度应取柱长边尺寸、楼层柱净高的 1/6，及 500mm 三者数值中的最大者为加密范围，此处为 Max{630，3800/6，500}=633，本项目取整数 700mm。

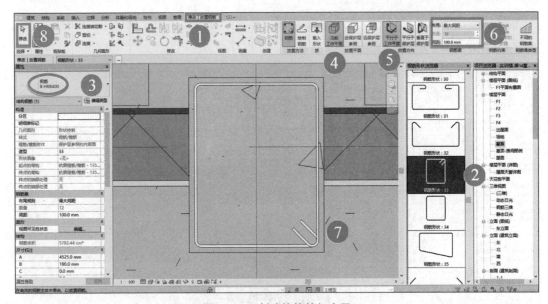

图 14-17　创建柱箍筋加密区

单击刚刚创建的柱 KZ3 的外部箍筋，按照图 14-13 的方法，单击"视图可见性状态"对应的"编辑"按钮，在"钢筋图元视图可见性状态"对话框中，选择"钢筋三维"视图，勾选"清晰的视图"和"作为实体查看"，选择"北立面"视图，勾选"清晰的视图"，单击"确定"按钮。在"视觉样式：线框"模式下，选择此柱下的基础钢筋，将其"北立面"视图勾选"清晰的视图"，显示效果如图 14-18 所示。后面如果遇到需要调整"视图可见性状态"时，均用上述方法，不再赘述。

将视图切换至"北立面"视图。为了方便柱钢筋的修改，按图 14-2 的方法隐藏地形、场地、植物和环境等相关内容。

接下来调整柱 KZ3 外部箍筋加密区的长度，有多种方法均可实现，可以根据需要选择。单击选择箍筋，可以直接将"钢筋集"的"布局"由"最大间距"改为"间距数量"，把"数量"改为"14"即可，如图 14-19 所示。也可以直接拖动图 14-18 中的"造型操作柄"到第 14 个箍筋的位置，如果位置不好确定，可以先创建一个距柱底部 1300mm 的参照平面，使箍筋上部与参照平面对齐。

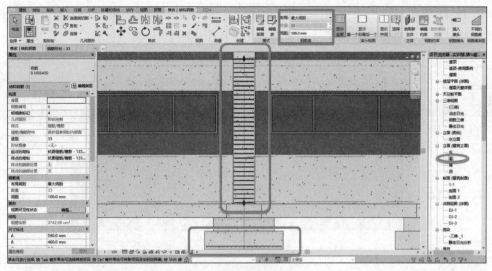

图 14-18　柱箍筋立面可见

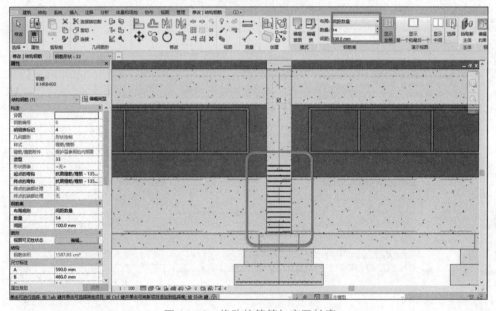

图 14-19　修改柱箍筋加密区长度

单击选择调整好长度的底部的外部箍筋，用"修改|结构钢筋"选项卡里的"复制"
⚙、"移动" ✥ 等工具，创建柱子上部加密区和中部非加密区，上部加密区直接拖动
"造型操作柄"到需要的位置，中部非加密区需要将钢筋集面板的布局由"间距数量"改
为"最大间距"，设置间距为"200.0mm"，如图 14-20 所示。至此柱 KZ3 的外部箍筋全部
创建完成。

接下来创建柱 KZ3 的内部箍筋，内部箍筋为纵横两个方向，其创建方法类似。将视
图切换至"基顶"视图，单击选择外部箍筋，用"修改|结构钢筋"选项卡里的"复制"
⚙、"移动" ✥、"旋转" ↻ 等工具创建柱子的内部箍筋。单击选择需要调整的箍筋，直接

拖动图 14-21 中的"造型操作柄"到所需的位置，如果需要调整箍筋弯钩位置，可以按空格键，每按一次空格键，弯钩的位置变换一次，直到调整到需要的位置。

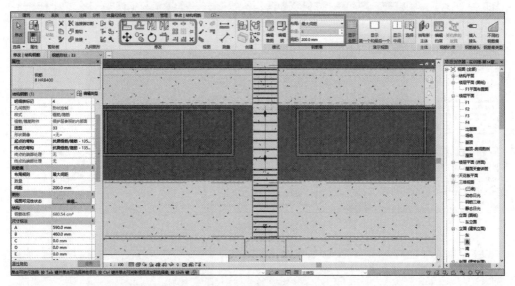

图 14-20　创建柱箍筋非加密区

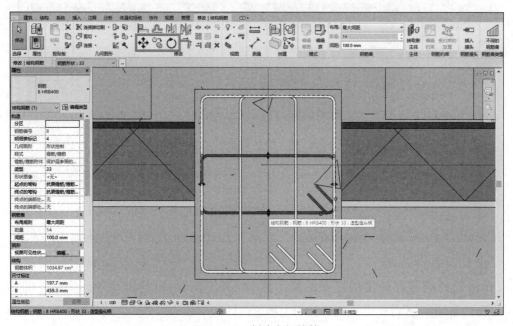

图 14-21　创建内部箍筋

接下来需要调整内部箍筋的位置，使各箍筋无碰撞。按照图 14-13 的方法修改内部箍筋的"视图可见性状态"，使其在"钢筋三维"视图和"北立面"视图可见。为了便于调整箍筋位置，单击"视图"选项卡"窗口"面板的"平铺" 🔲 工具，在"北立面"视图使用"移动" ✛ 工具进行调整，在"钢筋三维"查看箍筋的三维效果，使其无碰撞，如图 14-22 所示。按上述方法，创建柱 KZ3 的其他内部箍筋，并调整位置。

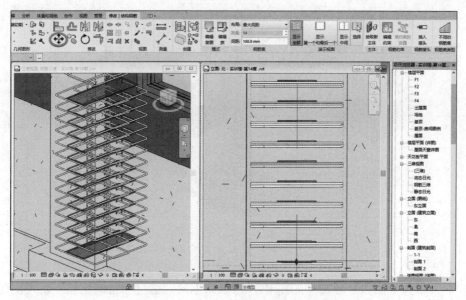

图 14-22 调整内部箍筋

为了保证柱子和基础的连接，柱纵向钢筋需要插入基础以内，称为柱插筋。基础内用于固定插筋的定位箍筋，一般按构造配 2~3 道，出基础顶面的是柱子的箍筋。根据图纸，KZ3 柱下基础内的定位箍筋为 3Φ8，最上边的箍筋距离基础顶面 100mm，箍筋间距 400mm。

单击选择一段柱箍筋，用"修改 | 结构钢筋"选项卡中的"复制" 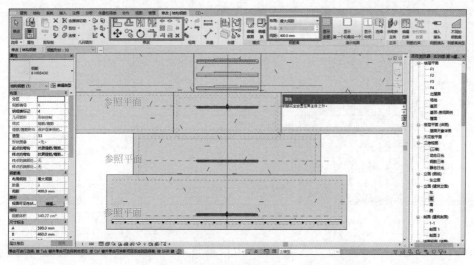 工具创建基础内的定位箍筋，将"钢筋集"面板布局中"间距数量"里的"数量"改为"3"，设置间距为"400.0mm"。为了精确确定钢筋的放置位置，可以先创建参照平面，再将"布局"改为"最大间距"，调整钢筋与参照平面对齐。若提示"钢筋完全放置在其主体之外。"，请忽略并继续操作，如图 14-23 所示，基础内定位箍筋全部创建完成。将视图切换至"钢筋三维"视图，显示效果如图 14-24 所示。

图 14-23 基础内定位箍筋

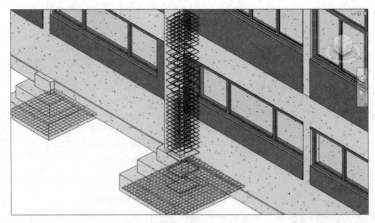

图 14-24   箍筋三维视图

14.3.2   柱纵筋

接下来布置 4 轴和 E 轴交点的柱 KZ3 的纵向钢筋。通过项目浏览器，将视图切换至"基顶"视图。单击柱 KZ3，进入"修改 | 结构柱"选项卡，单击"钢筋" 工具，进入"修改 | 放置钢筋"选项卡，选择"钢筋形状：09"，在"属性"选项板顶部的"类型选择器"中，选择"18 HRB400"的钢筋类型。在"修改 | 放置钢筋"选项卡中放置平面设为"当前工作平面"，放置方向为"垂直于保护层"，布局为"单根"。光标移入柱内，可以预览钢筋放置的方向，如果不是需要的方向，可以使用空格键来进行调整。单击需要放置的位置即可放置单根柱纵向钢筋，如图 14-25 所示。

教学视频：
柱纵筋

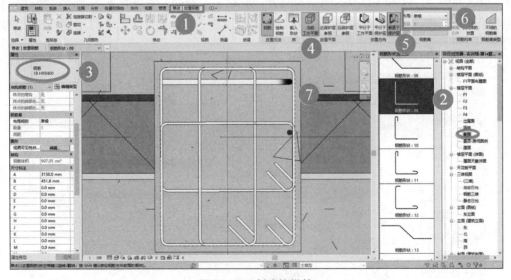

图 14-25   创建柱纵筋

接下来进行钢筋纵筋的位置调整。为了方便调整，单击"视图"选项卡"窗口"面板的"平铺"工具，将"基顶"和"北立面"视图平铺。单击创建的柱纵向钢筋，使用

"移动" 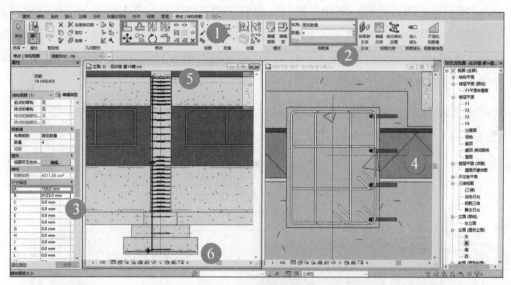、"旋转" ↻ 等工具调整位置，将"钢筋集"面板中的"布局"由"单根"改为"固定数量"，"数量"改为"4"。此时如果纵筋和箍筋有碰撞，可以先选择钢筋集，用图 14-21 中的"造型操作柄"调整箍筋的位置。将"属性"栏中"尺寸标注"的"A"改为"150.00mm"，即柱插筋的弯折长度。由于纵筋创建方法不同，这个长度也有可能是"B"，可以在"钢筋三维"视图和"基顶"视图中查看，确定后再进行修改。接下来单击进入"北立面"视图，用"造型操作柄"调整纵筋的竖向位置，如图 14-26 所示。其他的柱纵筋使用"修改"面板中的"复制" ⧉、"移动" ✛、"旋转" ↻、"镜像 - 拾取轴" ⧓ 或"镜像 - 绘制轴" ⧓ 等工具进行修改，完成后的柱 KZ3 的纵向钢筋效果如图 14-27 所示。至此，柱 KZ3 的箍筋和纵向钢筋全部创建完毕。

图 14-26 修改柱纵筋

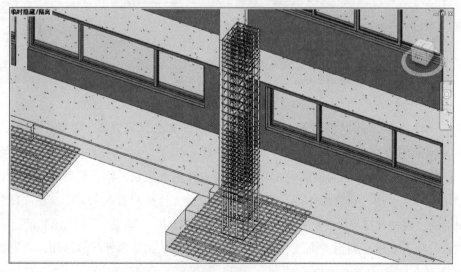

图 14-27 柱纵筋三维视图

其他柱的钢筋创建方法与柱 KZ3 类似，可以按上述方法重新创建，也可以使用复制后再修改的方法。注意：在复制钢筋之前先按图 14-16 所示的方法设置保护层厚度为 20mm 的"I,（梁、柱、钢筋），≥ C30"的保护层类型。

例如，将柱 KZ3 的钢筋复制到 2 轴和 D 轴的柱 KZ2，需先选择柱 KZ3 所有的箍筋和纵向钢筋，可以先框选再使用"修改 | 选择多个"选项卡→"过滤器"面板→"过滤器" ▽ 工具，选择需要复制的构件。单击进入"基顶"视图，单击"复制" ⬚ 工具，将钢筋复制到需要的位置。复制完成后，钢筋还需要附着在新主体上，单击"修改 | 结构钢筋"选项卡→"主体"面板→"拾取新主体" ⬚ 工具，然后选择新的钢筋主体柱 KZ2。由于柱 KZ3 比 KZ2 尺寸大，此时会弹出"钢筋完全放置在其主体之外。"的警告对话框，如图 14-28 所示。关闭对话框，利用"修改"面板上的各种工具，调整各个钢筋的位置。如果在"基顶"视图无法看到需要调整的钢筋，可以按图 14-29 的方法，在"属性"选项板中找到"视图范围"参数，并单击"编辑"，或者通过键盘输入【VR】。在"视图范围"对话框中，根据需要修改视图范围属性。

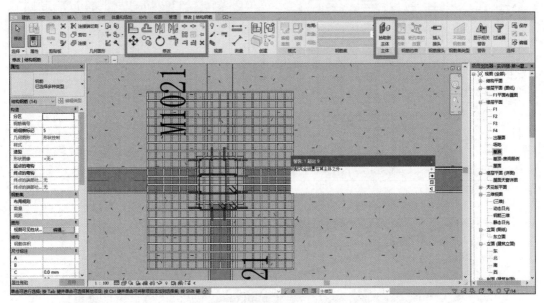

图 14-28　柱钢筋拾取新主体

再如，将柱 KZ3 的钢筋复制到 1 轴和 D 轴的柱 KZ5，需进入"基顶"视图，复制完成后，钢筋附着在新主体上。由"柱结构平面布置图"可知，柱 KZ5 的箍筋类型为"3×3"，Φ8@100/200，纵向钢筋为 8Φ16。单击选择内部箍筋，将"钢筋形状：33"改为"钢筋形状：02"。用"造型操作柄"调整箍筋的位置。选择所有纵向钢筋，在"属性"选项板顶部的"类型选择器"中，将钢筋类型由"18 HRB400"改为"16 HRB400"。再将纵筋的数量调整为 8 根，利用"修改"面板中的各种工具，调整内外部箍筋和纵向钢筋的位置，如图 14-30 所示。

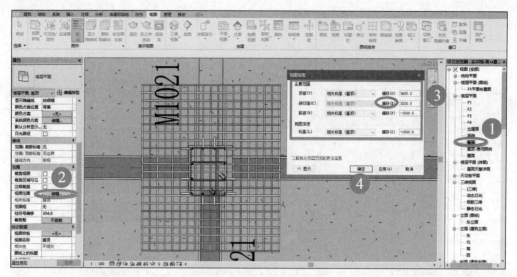

图 14-29　调整视图范围

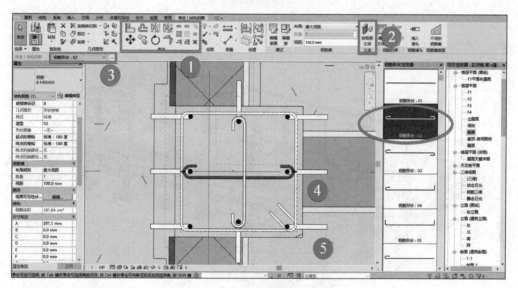

图 14-30　调整箍筋形状

又如，进入"基顶"视图，将修改好的柱 KZ5 的钢筋复制到 2 轴和 A 轴的柱 KZ5，由于此柱较短，需要调整纵筋高度和箍筋的分布。进入"南立面"视图，并按图 14-2 的步骤设置地形、场地、植物和环境等相关内容为不可见。纵向钢筋可以通过单击并拖曳钢筋形状控制柄重新定位钢筋和修改钢筋段的长度，如图 14-26 所示。也可以用修改钢筋草图的方法，选择需要修改的钢筋，单击"修改|结构钢筋"选项卡→"模式"面板→"编辑草图" 工具，调整钢筋草图紫色的模型线，单击 ✔ 完成编辑模式，如图 14-31 所示。箍筋可以直接拖曳钢筋形状控制柄，调整钢筋集的布置。将其他钢筋依次布置，一层所有柱钢筋全部创建完成后的三维效果如图 14-32 所示。其他各层的柱钢筋绘制方法类似，不再赘述。

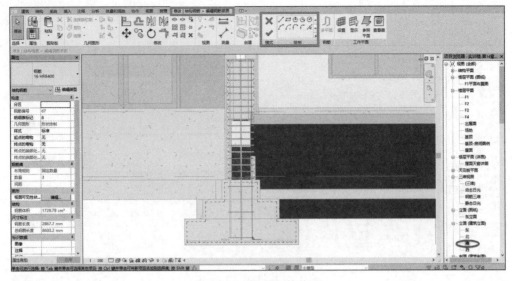

图 14-31　编辑钢筋草图

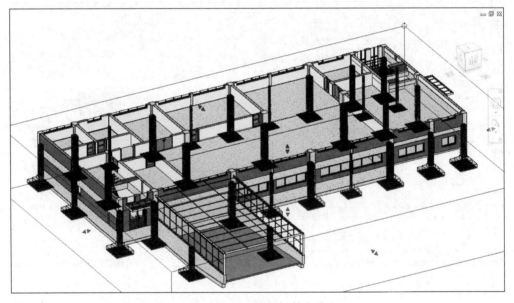

图 14-32　一层柱钢筋完成

14.4　梁钢筋

在各层"梁平面图"中可以查看梁钢筋的集中标注和原位标注，梁钢筋的平法标注较为复杂，梁平面图中没有标注的钢筋，可以查询国家建筑标准设计图集 16G101 和 18G901 系列图集，按图集进行钢筋建模。

接下来，以 3 轴的二层框架梁 KL1 为例，创建梁钢筋，包括箍筋、上下部纵筋、支座负筋、构造钢筋、拉筋、附加吊筋等。通过项目浏览器切换至"F2"视图。按图 14-2 的步骤设置地形、场地、植物和环境等相关内容为不可见。按图 14-29 的方法，在"视图范围"

对话框中，根据需要修改视图范围属性的参数，使梁得以显示。接下来，按照图 14-16 所示的方法，设置梁 KL1 的钢筋保护层厚度。单击"结构"选项卡→"钢筋"面板→"保护层"工具，单击"拾取图元"按钮拾取整个框架梁 KL1，在选项栏上，在"保护层设置"下拉列表中选择厚度为 20mm 的"I,（梁、柱、钢筋），≥ C30"的保护层类型。单击"视图"选项卡，在"创建"面板中选择"剖面"工具，从左侧属性栏里选择"详图视图：详图"，在 3 轴附近绘制剖面线，在"项目浏览器"的视图中会相应增加详图视图"详图 0"，右击"详图 0"将其重命名为"3 轴 KL1"，如图 14-33 所示。调整剖面线的位置，然后双击详图剖面线或"项目浏览器"里"详图视图"的"3 轴 KL1"，进入"3 轴 KL1"的剖面详图，通过修改裁剪视图的夹点修改视图可见区域，结果如图 14-34 所示。至此，梁 KL1 详图创建完成，接下来就可以进行梁箍筋的布置。

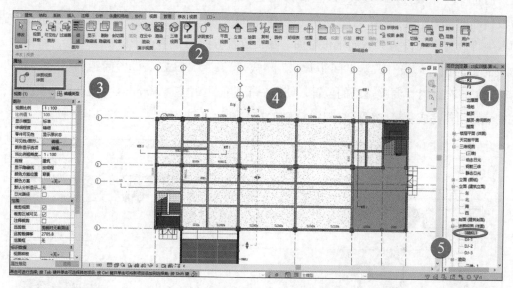

图 14-33　创建梁剖面详图视图

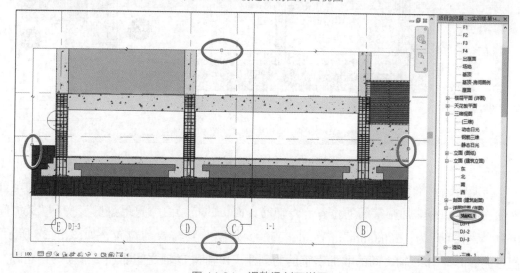

图 14-34　调整梁剖面详图

14.4.1 梁箍筋

教学视频：
梁箍筋

梁箍筋和柱箍筋的创建方法类似。由"二层梁平面图"可知，梁 KL1 箍筋类型为"2×2"，Φ8@100/200，加密区间距为 100mm，非加密区间距为 200mm。

根据《建筑抗震设计规范》（GB 50011—2010），梁箍筋加密范围：加密范围从柱边开始，一级抗震等级的框架梁箍筋加密长度为 2 倍的梁高，二、三、四级抗震等级的框架梁箍筋加密长度为 1.5 倍的梁高，而且加密区间总长均要满足大于 500mm，如果不满足大于 500mm，按 500mm 长度进行加密。本项目取 1.5 倍的梁高，KL1 梁高 800mm，则 1.5×800=1200（mm），则箍筋加密区长度为 Max{1200，500}=1200mm。

首先创建 E 轴右侧加密区的箍筋。单击梁 KL1，进入"修改|结构框架"选项卡，单击"钢筋" 工具进入"修改|放置钢筋"选项卡，选择"钢筋形状：33"，在"属性"选项板顶部的"类型选择器"中，选择"8 HRB400"的钢筋类型。在"修改|放置钢筋"选项卡中将放置平面设为"当前工作平面"，放置方向为"垂直于保护层"，将钢筋集面板的布局由"单根"改为"间距数量"，"数量"改为"13"，设置间距为"100.0mm"，将箍筋放置在梁内。调整箍筋的位置，使第一根箍筋距离柱边 50mm。至此，E 轴右侧加密区的箍筋创建完成。将此箍筋复制到 D 轴的左右侧和 B 轴的左侧，如图 14-35 所示。

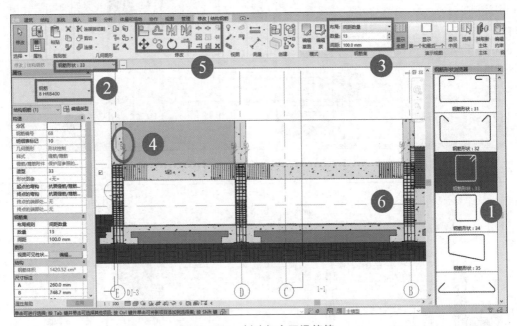

图 14-35　创建加密区梁箍筋

非加密区梁箍筋创建可以使用"复制" 工具，在复制之前先用参考平面确定分界箍筋和第一根非加密箍筋的位置，将钢筋集面板的布局由"间距数量"改为"最大间距"，设置间距为"200.0mm"，拖动"造型操作柄"到需要的位置，如图 14-36 所示，便可完成 D 轴和 E 轴之间的非加密箍筋的创建。B 轴和 D 轴之间非加密箍筋的创建方法类似，不再赘述。

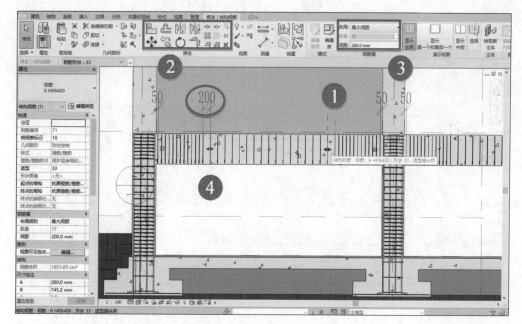

图 14-36　创建非加密区梁箍筋

14.4.2　梁纵筋

梁纵筋主要包含上部通长筋、下部筋、支座负筋、抗扭腰筋、构造纵筋等，各种纵筋的创建方法相似。先创建梁 KL1 的上部通长筋，双击进入"3轴 KL1"剖面详图，单击"结构"选项卡→"钢筋"面板→"钢筋" 工具，

教学视频：梁纵筋

单击"修改|放置钢筋"选项卡→"放置方法"面板→"绘制钢筋" ✍ 工具，在状态栏中可以看到"拾取钢筋的主体"的提示，在绘图区域中，单击拾取梁 KL1，进入"草图模式"，此时钢筋保护层线为可见。使用"修改|创建钢筋草图"选项卡"绘制"面板中的工具直接绘制钢筋。

根据 18G901-1 图集第 2~15 页"框架中间层端节点构造（三）"，梁纵筋在支座处弯锚外包尺寸为 15d，为 15×28=420（mm），草图工具的尺寸是中心尺寸，所以草图中的尺寸为 420−14=406（mm）。单击"线" ✏ 工具进行绘制，在绘制之前，在"属性"选项板顶部的"类型选择器"中，选择"28 HRB400"的钢筋类型。单击"修改|创建钢筋草图"选项卡→"模式"面板→"完成" ✔ 按钮完成草图，如图 14-37 所示。若提示"钢筋完全放置在其主体之外"，请忽略并继续操作。

因梁在纵筋方向的配筋变化较多，为了方便调整和修改，双击进入"F2"视图，按图 14-33 所示的方法创建两个公共详图"详图 X"和"详图 Y"，如图 14-38 所示。双击进入"详图 X"视图，将钢筋集面板的布局由"单根"改为"固定数量"，拖动"造型操作柄"到合适的位置。至此，上部通长筋创建完成。

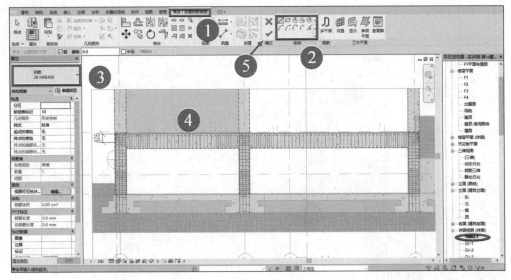

图 14-37　创建上部通长筋

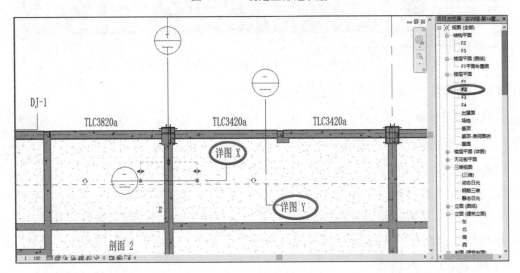

图 14-38　创建公共详图

接下来创建支座负筋，其创建方法与通长筋类似，需要确定支座弯锚尺寸和伸出长度（图 14-39）。根据 18G901-1 图集第 2~15 页，支座负筋的弯锚外包尺寸与通长筋一致为 15d，所以在草图中的尺寸为 406mm。根据 16G101-1 图集第 35 页 4.4，支座负筋的伸出长度为净跨长 1/3，在 E 轴和 D 轴之间的伸出长度为 6020/3≈2006.7（mm），取 2010mm，在 D 轴和 B 轴之间的伸出长度为 8420/3≈2806.7（mm），取 2810mm。参照"二层梁平面图"，在 E 轴和 B 轴为单根 Φ28 HRB400 钢筋，在 E 轴两侧为 2 根 Φ28 HRB400 钢筋。完成后的三维效果如图 14-40 所示。

下部通长筋的创建方法与上部通长筋类似，参照"二层梁平面图"，下部通长筋为"2Φ25+2C22"，Φ25 在支座处弯锚外包尺寸为 15×25=375（mm），Φ25 在草图中的尺寸

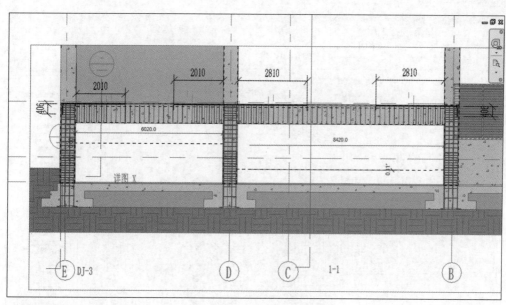

图 14-39　支座负筋尺寸

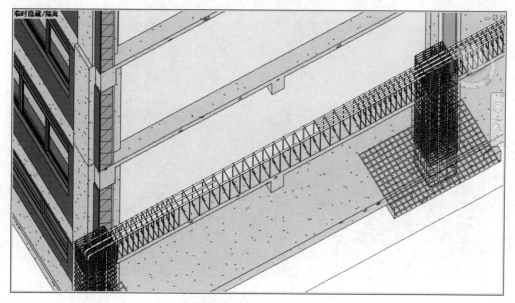

图 14-40　梁上部钢筋完成

为 375−12.5=362.5（mm）。Φ22 在支座处弯锚外包尺寸为 15×22=330（mm），Φ22 在草图中的尺寸为 330−11=319（mm）。双击进入"3 轴 KL1"剖面详图，单击"绘制钢筋" ✍️ 工具，使用"修改 | 创建钢筋草图"选项卡→"绘制"面板→"线" ╱ 工具进行绘制。因梁上、下部纵筋弯锚段有重叠，尽量保证梁的上、下部纵筋的竖向弯锚间距为 25mm，如图 14-41 所示。将Φ25 纵筋的"钢筋集"面板中"布局"由"单根"改为"固定数量"，"数量"改为"2"。2 根Φ22 在内侧，调整其位置，使 4 根下部通长筋均匀分布。完成后效果如图 14-42 所示。

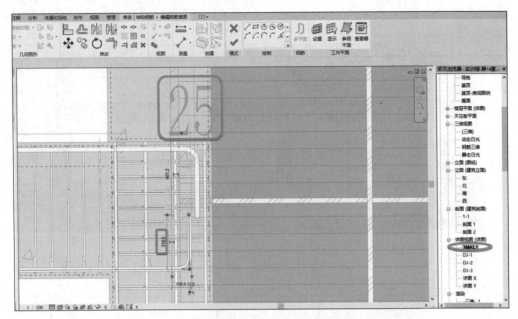

图 14-41　梁上、下部纵筋的竖向弯锚间距

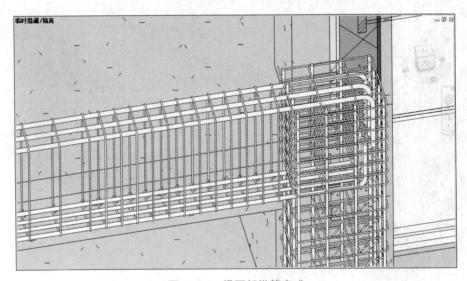

图 14-42　梁下部纵筋完成

参照"二层梁平面图"，梁 KL1 构造纵筋为 6ϕ12，左右各布置 3 根。根据 16G101-1 图集第 90 页，构造纵筋沿梁腹板高度（h_w）均匀布置，梁的腹板高度为梁截面有效高度 − 板厚度 = 梁高度 − 梁底至梁下部纵向钢筋中心线的距离 − 板厚度，为 800 −（20+8+25/2）− 160=595.5（mm），构造纵筋间距为 145~150mm，考虑必要的间隙，建模时取 145mm。梁侧面构造纵筋的搭接与锚固长度可取 15d，为 15×12=180（mm）。进入"3 轴 KL1"剖面详图，使用"绘制"面板中的"线"$\diagup$工具进行绘制，在"属性"选项板中选择"ϕ12 HRB400"的钢筋类型。再使用"复制"$\overset{\circ}{\circ}$、"移动"$\clubsuit$、"镜像 - 拾取轴"$\bowtie$等工具创建其他构造纵筋，尺寸如图 14-43 所示。

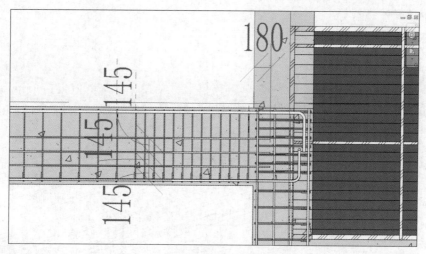

图 14-43　梁构造纵筋尺寸

　　为提高钢筋骨架的整体性，需要设置拉筋。拉筋间距为梁非加密区箍筋间距的 2 倍，此处为 2×200=400（mm），拉筋直径取Φ6。根据 18G901-1 图集第 1~10 页 8.3 条，用于梁腰筋间拉结的拉筋，两端弯折角度均为 135°，弯折后平直段长度同箍筋。双击进入"详图 X"视图，单击"钢筋"⬚ 工具进入"修改 | 放置钢筋"选项卡，选择"钢筋形状：36"，在"属性"选项板顶部的"类型选择器"中，选择"6 HRB400"的钢筋类型。进入"3 轴 KL1"剖面详图，调整拉筋位置与第一根箍筋对齐，将"钢筋集"的"布局"由"单根"改为"间距数量"，把"数量"改为"4"，设置间距为"400.0mm"，复制该拉筋到第二排和第三排，如图 14-44 所示，E 轴右侧箍筋加密区的拉筋创建完成。非加密区的拉筋，为了与梁箍筋布局一致，可以将钢筋集面板的布局改为"最大间距"，设置间距为"400.0mm"。其余拉筋用类似的方法创建完成，效果如图 14-45 所示。

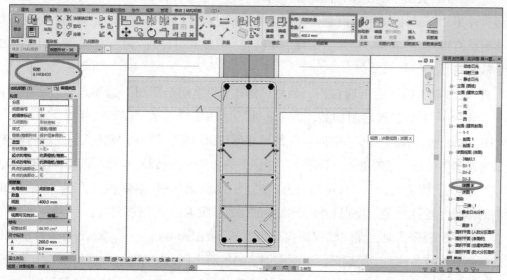

图 14-44　梁拉筋

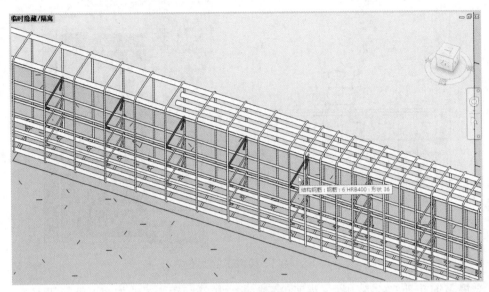

图 14-45　梁拉筋三维效果

14.4.3　梁附加钢筋

当一根主梁上搭有次梁的时候，主次梁交接处就会产生裂缝，梁附加钢筋可以有效防止裂缝的产生。梁附加钢筋包括附加箍筋和吊筋。根据"二层梁平面图"和 18G901-1 图集第 2~55 页"梁附加横向钢筋（箍筋、吊筋）排布构造详图"，附加箍筋应布置在长度为 $s=3b+2h$（3 倍次梁宽度 +2 倍主次梁高差）范围内，距离次梁的起步是 50mm，附加箍筋的直径 ϕ8，间距 50mm。吊筋平直段的长度为该吊筋直径的 20 倍，为 $20\times14=280$（mm）。梁高为 800mm，斜长的起弯角度为 45°。吊筋下部长度为 $50+b+50=340$（mm）。

教学视频：梁附加钢筋

进入"3 轴 KL1"的剖面详图，在"属性"选项板中，将"图形"部分中的"显示隐藏线"改为"全部"，就可以看到梁、板等的线框。按 14.4.1 小节所述梁箍筋的创建方法创建附加箍筋，如图 14-46 所示。选择附加箍筋，复制到另外两个次梁的位置，梁 KL1 的附加箍筋完成。

进入"3 轴 KL1"的剖面详图，使用"修改 | 创建钢筋草图"选项卡→"绘制"面板→"线" ✐ 工具直接绘制钢筋，在"属性"选项板顶部的"类型选择器"中，选择"14 HRB400"的钢筋类型，按图 14-47 的尺寸创建梁吊筋。调节"详图 X"视图的位置，使其可以剖切吊筋，双击进入"详图 X"视图，选择创建的吊筋，将钢筋集面板的布局由"单根"改为"固定数量"，"数量"改为"2"。三维效果如图 14-48 所示，在"3 轴 KL1"的剖面详图内复制该吊筋集到另外两个次梁的位置，梁 KL1 的吊筋完成。

当钢筋比较密集时，在三维视图内很难看清，如图 14-48 所示。Revit 可以自定义钢筋的颜色，区分各种类型的钢筋。以刚刚创建的吊筋为例，按如图 14-49 所示的步骤，进入"三维钢筋"视图，选择需要修改颜色的吊筋，右击弹出选项卡，选择"替换视图中的

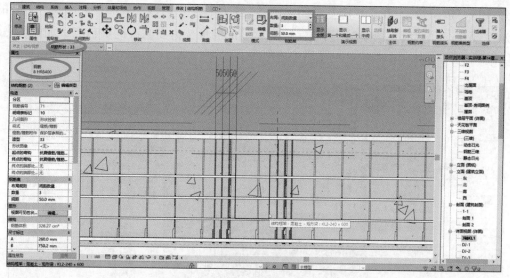

图 14-46 梁附加箍筋

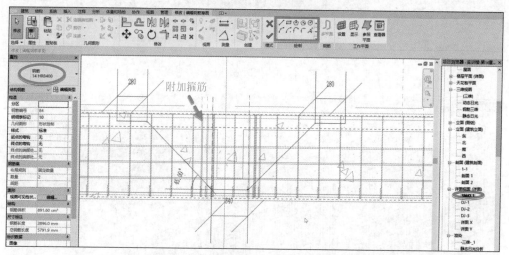

图 14-47 梁吊筋

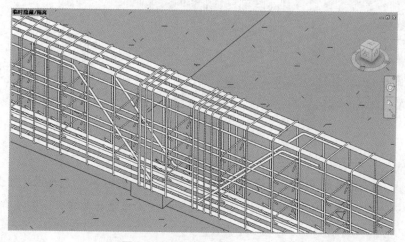

图 14-48 梁附加钢筋三维效果

图形"→"按图元"，在"视图专有图元图形"对话框中，修改"表面填充图案"下方的选项"颜色"和"填充图案"，修改完成后钢筋的颜色变为要修改的颜色了，如图 14-50 所示。

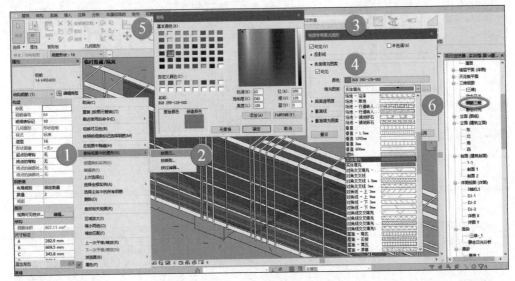

图 14-49 修改钢筋颜色

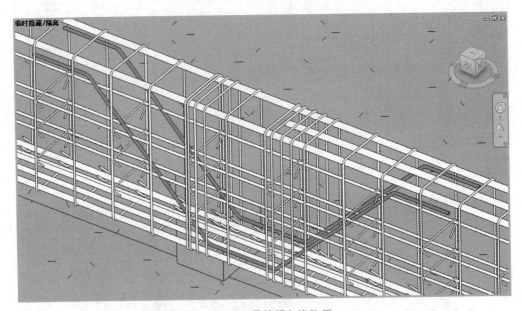

图 14-50 吊筋颜色修改后

<u>注意</u>

上述自定义颜色的方法在"真实"和"光线追踪"的时候并不适用，并且手动添加颜色的方法只适用于小型构件，大规模的构件修改工作量会非常大，并不合适。

14.5　墙钢筋

根据剖面详图"A—A",此墙为挡土墙,位于地梁之上,墙竖向钢筋插入地梁并弯锚。配筋与剪力墙相似。接下来,以 1 轴的墙为例,介绍墙水平钢筋、竖向钢筋和拉结筋的创建方法。

14.5.1　水平钢筋

根据剖面详图"A—A"和 18G901-1 图集第 3~4 页"有端柱时剪力墙水平分布钢筋构造详图",端柱 KZ5 为 450mm×450mm(直锚长度 laE=40d=40×10=400(mm),扣除保护层厚度、箍筋、柱纵筋后不满足要求),故采用弯锚。弯锚时应伸至端柱对边后弯折 15d,为 15×10=150(mm)。

双击进入"基顶"视图,按图 14-29 的方法调整视图范围,使得墙剖面可见。设置结构墙的保护层厚度,选择厚度为 15mm 的"I,(楼板、墙、壳元),≥ C30"的保护层类型,单击"绘制钢筋"✍工具,看到"拾取钢筋的主体"的提示后,单击拾取"结构墙 - 现浇 -240",使用"修改 | 创建钢筋草图"选项卡→"绘制"面板→"线"╱工具进行绘制,草图工具的尺寸是中心尺寸,故弯锚在草图中的尺寸为(15−0.5)×10 = 145(mm)。如图 14-51 所示。

将 Φ10 的水平钢筋在"钢筋集"面板中的"布局"由"单根"改为"最大间距量",设置间距为"200.0mm"。在"西立面"视图调整其位置,使其均匀分布。在"基顶"视图复制该钢筋集并调整长度,将颜色改为红色,完成后的墙水平钢筋效果如图 14-52 所示。

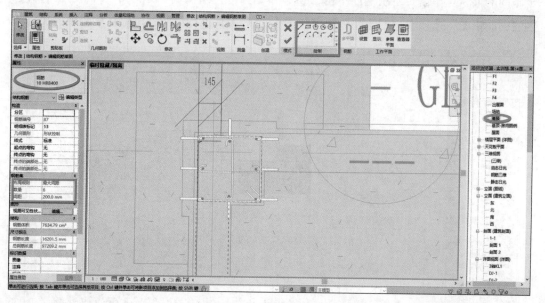

图 14-51　墙水平钢筋

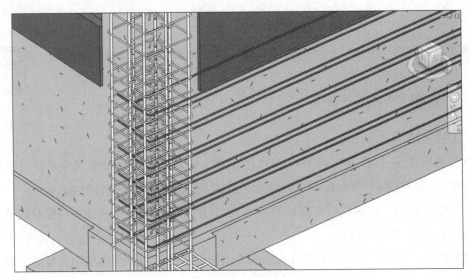

图 14-52　墙水平钢筋三维效果

14.5.2　竖向钢筋

根据剖面详图"A—A"和 18G901-1 图集第 3~5 页"剪力墙竖向钢筋构造详图"，双击进入"基顶"视图，调整公共详图"详图 X"的位置，使其剖切"轴网：1"，双击进入"详图 X"视图，选择裁剪区域，拖曳控制柄，调整裁剪区域至所需尺寸，如图 14-53 所示。也可以选择裁剪区域，然后单击"修改 | 视图"选项卡→"模式"面板→"编辑裁剪"工具，如图 14-53 所示，再使用"修改"和"绘制"面板中的工具根据需要编辑裁剪区域。可以修改或删除现有的线，然后绘制完全不同的形状。单击"绘制钢筋"✐工具，单击拾取"结构墙 - 现浇 -240"，使用"修改 | 创建钢筋草图"选项卡→"绘制"面板→"线"╱工具进行绘制，弯锚在草图中的尺寸为

教学视频：
横竖向钢筋

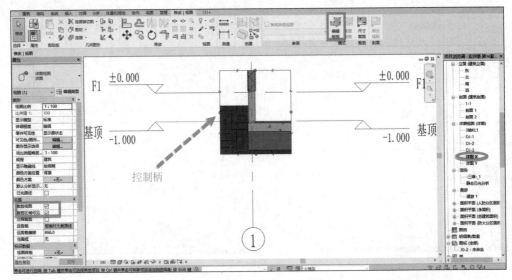

图 14-53　修改详图的裁剪视图大小

120－0.5×10＝115（mm），并将竖向钢筋伸入地梁中，如图 14-54 所示。在"属性"选项板顶部的"类型选择器"中，选择"10 HRB400"的钢筋类型。草图完成后，将 Φ10 竖向钢筋的"钢筋集"面板中的"布局"由"单根"改为"最大间距"，设置间距为"200.0mm"。

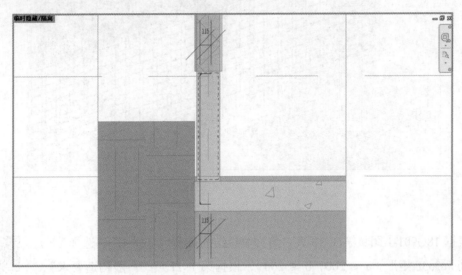

图 14-54 墙竖向分布钢筋草图

根据 18G901-1 图集第 3~16 页"剪力墙构造边缘构件（端柱）钢筋排布构造详图"，剪力墙墙身第一根竖向分布筋距柱内角筋的距离同墙体竖筋设计间距（s），此处间距为200mm。在"西立面"视图，创建距离柱内角筋为 200mm 的参照平面，选择钢筋集，拖动"造型操作柄"到参照平面的位置，使其均匀分布，如图 14-55 所示。再使用"复制" 、"移动" 、"镜像 - 拾取轴" 等修改工具创建另一个墙纵向钢筋。在"钢筋三维"视图，将颜色改为绿色，完成后效果如图 14-56 所示。

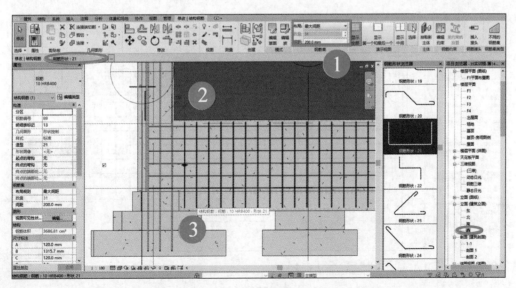

图 14-55 调整墙竖向钢筋集

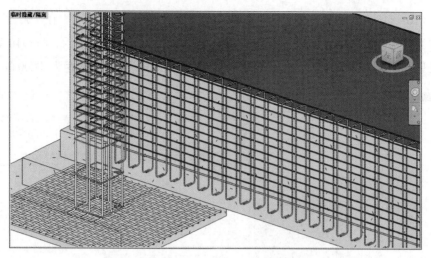

图 14-56　墙竖向钢筋三维效果

14.5.3　拉结筋

根据 18G901-1 图集第 3~30 页"剪力墙拉结筋排布构造详图"，选择（b）拉结筋 @3a3b 矩形（a ≤ 200，b ≤ 200），根据第 1~11 页"一般构造要求"，选择（b）拉结筋两侧均为135° 弯钩。进入"详图 X"视图，单击"钢筋" 工具，进入"修改|放置钢筋"选项卡，选择"钢筋形状：36"，在"属性"选项板顶部的"类型选择器"中，选择"6 HRB400"的钢筋类型。将 Φ6 的拉结筋的"钢筋集"面板中的"布局"由"单根"改为"最大间距量"，设置间距为"600.0mm"。

教学视频：
墙拉结筋

在"西立面"视图，选择钢筋集，拖动"造型操作柄"，使其均匀分布。再使用"复制" 等修改工具，创建其余拉结筋，如图 14-57 所示。在"钢筋三维"视图，将颜色改为青色，完成后效果如图 14-58 所示。

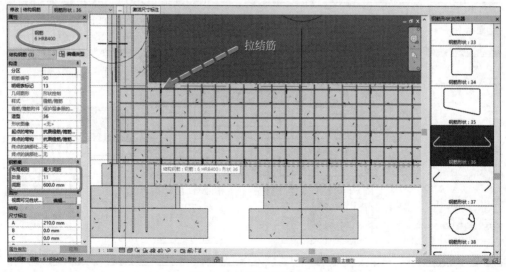

图 14-57　墙拉结筋布置

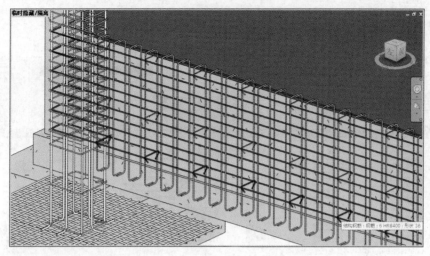

图 14-58　墙拉结筋三维效果

14.6　楼板钢筋

教学视频:
板钢筋

楼板钢筋可以用"钢筋"面板的"钢筋"⊞工具创建；也可以使用"面积"▦ 工具创建结构区域钢筋；使用"钢筋网片"◳ 工具创建单钢筋网片；使用"路径"工具创建与指定的边界相垂直的路径钢筋，钢筋具有相同长度，但彼此不平行。接下来以基础顶板为例讲解板钢筋创建方法。根据"基础顶板平面图"，钢筋分布均匀，故选用"面积"▦ 工具创建区域钢筋。

切换至"基顶"视图，单击"结构"选项卡→"钢筋"面板→"保护层"▣ 工具，选择厚度为 15mm 的"I,（楼板、墙、壳元），≥ C30"的保护层类型。单击"面积"▦ 工具，选择"基础顶板_混凝土_300"，出现"项目中未载入结构区域钢筋符号族。是否现在载入？"的对话框，单击"是"，通过路径 C:\ProgramData\Autodesk\RVT 2018\Libraries\China\注释\符号\结构\区域钢筋符号 .rfa，载入结构区域钢筋符号族。接下来出现"项目中未载入结构区域钢筋标记族。是否现在载入？"的对话框，单击"是"按钮，通过路径 C:\ProgramData\Autodesk\RVT 2018\Libraries\China\注释\标记\结构\区域钢筋标记 .rfa，载入结构区域钢筋标记族，如图 14-59 所示。

> **注意**
>
> 如果在平面视图中不需要显示钢筋符号和钢筋标记，单击"否"按钮。

将"属性"选项板顶部的"结构区域钢筋 1"重名为"基础顶板钢筋"。单击"修改 | 创建钢筋边界"选项卡→"绘制"面板→"线形钢筋"↖→"线"╱ 工具，沿着基础顶板的一条边绘制一条线，以确定钢筋的方向，继续绘制，直到形成闭合环为止。如果需要修改主筋方向，单击"修改 | 创建钢筋边界"选项卡→"绘制"面板→"主筋方向"⫴ 工

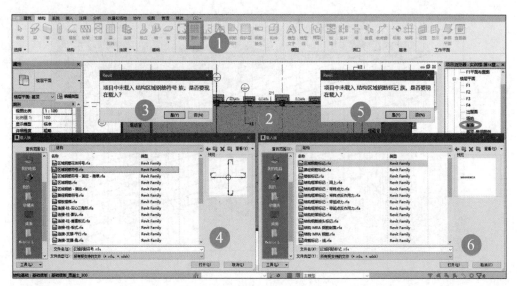

图 14-59　载入区域钢筋符号和标记族

具。完成闭合边界线的绘制后，单击"模式"面板的 ✔ 完成编辑模式，如图 14-60 所示。放置区域钢筋时，钢筋图元不可见，仅区域钢筋符号和标记可见，完成后的基础顶板钢筋如图 14-61 所示。如果弹出"完全在其主体之外绘制区域钢筋。"的警告窗口，单击关闭。基础顶板钢筋三维效果如图 14-62 所示。其他板也可以用类似的方法创建，在此不再赘述。

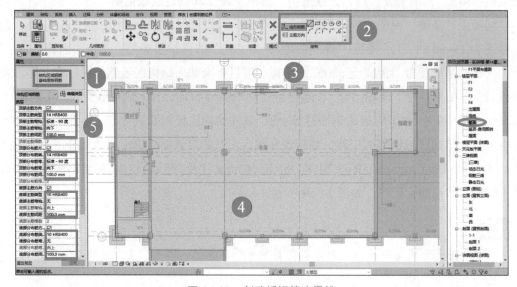

图 14-60　创建板钢筋边界线

> **注意**
>
> 区域钢筋的创建方法不适用于钢筋弯钩的单个控制。

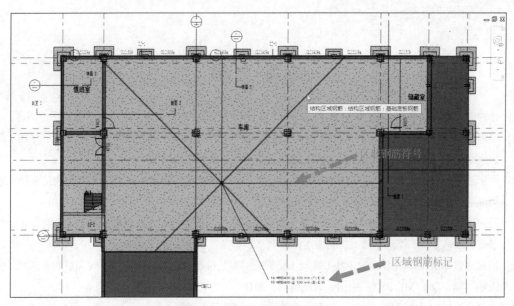

图 14-61　基础顶板钢筋完成

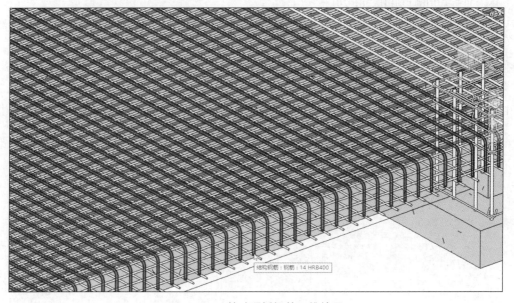

图 14-62　基础顶板钢筋三维效果

——— 习题 ———

1. 简述柱钢筋模型创建的步骤。

2. 卫生间的板钢筋如何建模，需要注意哪些问题？

3. 路径钢筋如何创建？

参 考 文 献

[1] 孙仲健，肖洋，李林，等 . BIM 技术应用——Revit 建模基础 [M]. 北京：清华大学出版社，2018.

[2] 国家建筑标准设计图集 . 116G101-1 混凝土结构施工图平面整体表示方法制图规则和构造详图（现浇混凝土框架、剪力墙、梁、板）[M]. 北京：中国计划出版社，2016.

[3] 国家建筑标准设计图集 . 116G101-2 混凝土结构施工图平面整体表示方法制图规则和构造详图（现浇混凝土板式楼梯）[M]. 北京：中国计划出版社，2016.

[4] 国家建筑标准设计图集 . 16G101-3 混凝土结构施工图平面整体表示方法制图规则和构造详图（独立基础、条形基础、筏形基础、桩基础）[M]. 北京：中国计划出版社，2016.

[5] 国家建筑标准设计图集 . 18G901-1 混凝土结构施工钢筋排布规则与构造详图（现浇混凝土框架、剪力墙、梁、板）[M]. 北京：中国计划出版社，2018.

[6] 国家建筑标准设计图集 . 18G901-2 混凝土结构施工钢筋排布规则与构造详图（现浇混凝土板式楼梯）[M]. 北京：中国计划出版社，2018.

[7] 国家建筑标准设计图集 . 18G901-3 混凝土结构施工钢筋排布规则与构造详图（独立基础、条形基础、筏形基础、桩基础）[M]. 北京：中国计划出版社，2018.

[8] 中华人民共和国住房和城乡建设部 . 建筑信息模型施工应用标准 [M]. 北京：中国建筑工业出版社，2018.

[9] 中华人民共和国住房和城乡建设部 . 建筑信息模型分类和编码标准 [M]. 北京：中国建筑工业出版社，2018.